人人伽利略系列 28

無是什麼？

「什麼都沒有」的世界真的存在嗎？

人人出版

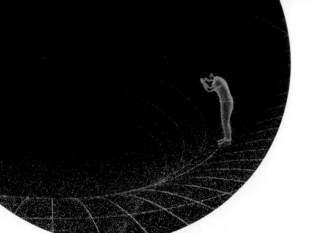

人人伽利略系列 28

「什麼都沒有」的世界真的存在嗎？

無是什麼？

1 「0」是什麼？

協助 足立恒雄／林 隆夫／奧田雄一／前田惠一／和田純夫

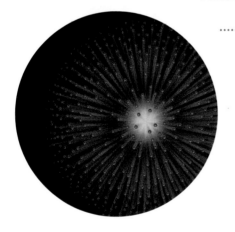

2 身邊的「真空」世界

協助 末次祐介／江澤 洋

3 「存在」是怎麼回事？

協助 和田純夫

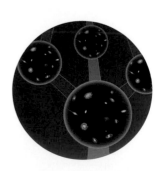

4 真空中的「某物」

協助 橋本省二／佐佐木真人／藤井惠介／橋本幸士／諸井健夫

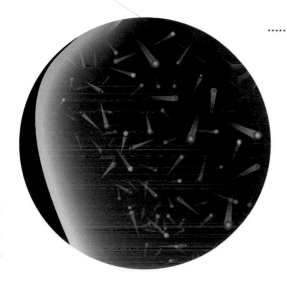

5 從什麼都沒有的「無」生成宇宙？

協助 和田純夫

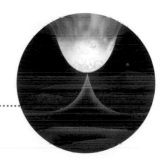

6 超弦理論與「終極之無」

協助 夏梅 誠／橋本幸士／佐佐木 節／向山信治／村田次郎／陣內 修

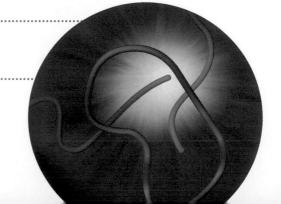

序章

「無」
究竟是什麼？

請看看身處的四周。當下這個地方「有」你自身軀體的存在、正在讀的這本《無是什麼？》、身上穿戴的衣物首飾、呼吸時吸進呼出的空氣，而且居處外還「有」廣闊的林野大地、天空飄浮的白雲、明亮的太陽……。到處都充滿了這樣的「有」，我們可以說是生活在「有」的世界裡。

相反地，讓我們來想像一下，把這些東西都拿掉之後的「無」世界。談到連一絲空氣也沒有的無物狀態，可能會有許多人立刻聯想到宇宙空間那樣的「真空」世界。或許，「有」會讓人覺得非常地熱鬧而充滿魅力，相對地，「無」則是十分寂聊而令人厭倦！

但物理學家可不這麼認為。所謂的「無」，其實是動態而令人興奮刺激之物，誠如史丹福大學色斯金（Leonard Susskind，1940～）所說：「了解無的一切，就能了解一切。」

現代物理學所描繪的「無」之面貌，究竟是什麼模樣呢？

了解無，就能闡明世界的真實面貌！

本書主要闡述下列三個意義的「無」。

特別的數「0」

第一個「無」，是表示無的數「0」（第 1 章）。現在，使用 0 似乎是理所當然的事情，但其實它的概念曾讓許多數學家苦惱不已。但若沒有發現這個特殊的數，科學就不可能進展到現在這樣的地步。

空無一物的空間「真空」

第二個「無」，是指「空無一物的空間」這個意義的「無」，也就是「真空」。

科學家提出「真空」以及與真空一體兩面之「原子」的存在，至今已長達2000年，但其中有段時期曾經不為人們接受。第 2 章將介紹真空和原子獲得實證的歷史沿革，以及潛藏於意想不到之處的真空。

原子的存在獲得實證後沒過多久，科學家即逐步地將原子及電子等更基本之粒子的奇妙行為予以闡明。接著乃有「量子論」的建立，對「有」（物質的存在）提出了革命性的新思維。第 3 章將進一步介紹量子論。

真空中有「某物」存在

根據現代物理學，理應空無一物的真空，卻充滿著各式各樣的「某物」。極為不可思議的是，越深究「無」，越能發現其中的「有」。第4章將對真空做深入的研討，探究其中的神奇性質。

一切皆「無」真的可能嗎？

第三個「無」是指就連時間和空間（時空）也不存在的「終極之無」。第5、6兩章將透過宇宙的肇始和最尖端物理學的概念探究這個「終極之無」。

接下來，且讓我們圍繞著這些「無」的主題來一起探討其中究竟吧！

本圖為從時間和空間都不存在的
「無」生出宇宙的意象。

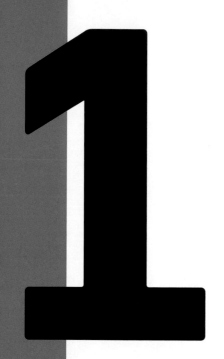

「0」是什麼？

在表示什麼都沒有的時候，我們常常會使用「0」（零）。這個特殊的數，它和1～9這幾個數不一樣，長久以來不被承認是一個「獨立個體」的數。不僅如此，甚至許多文明根本就沒有0這個概念。

在第1章之中，將介紹0誕生的故事，並且探討與0具一體兩面關係的「無限」。也將更進一步介紹許多0所產生的不可思議現象，溫度、電阻、質量等物理值一旦變成0，會發生十分奇妙的事情！

協助 足立恒雄／林 隆夫／奥田雄一／前田惠一／和田純夫

長久以來讓許多數學家為之苦惱的 0

0 是一個數嗎？聽說以前的人，尤其是歐洲人，對這件事非常苦惱。

數，原本是為了計量物體「個數」而產生的東西，但我們並不會說「0 個蘋果」。這麼一想，比起 1 到 9 這幾個數，0 確實非常地神奇。

事實上，有很長一段時間，0 並沒有被當成「數」來看待。這裡所說的「數」，並非侷限於「個數」這個概念，而是指成為加法、乘法等演算對象。如果侷限於「個數」，就會陷入「因為 0 個並不具意義，所以 0 不是數」的想法。

日本早稻田大學名譽教授足立恒雄博士曾說過：「例如英語的 number，同時具有數和個數兩種意義。人們總是藉由語詞來做思考，而歐洲似乎把數和個數視為同義，因此這也是他們不認同 0 為數的原因之一吧！」

我們現在已經把 0 應用在各式各樣的場合。例如圖中所顯示代表「無」的 0、平衡造成的 0、做為座標原點的 0、做為基準值的 0 點、空位的 0、做為數的 0 等等。

對現在的我們而言，使用 0 已經是很理所當然的事了。但是，0 的概念卻曾經使歐洲的人們深為苦惱，甚至連著名的數學家帕斯卡（Blaise Pascal，1623～1662）都曾經認為「0 減去4還是 0」。因為 0 代表什麼都沒有的「無」，所以無法減去任何東西。

0 的除法更是棘手。例如「1÷0＝a」這個式子，就會變成「1＝a×0＝0」，產生「1 和 0 相等」這種不可思議的結果。把上頭的 1 換成其他任何數，都會得到相同的結果，但「所有的數都等於 1」這說法顯然有所矛盾。

由上可知，就某個意義而言，可以說 0 潛藏著使數學合理性崩解的能力。因此現代數學規定不能用 0 來做除法運算。

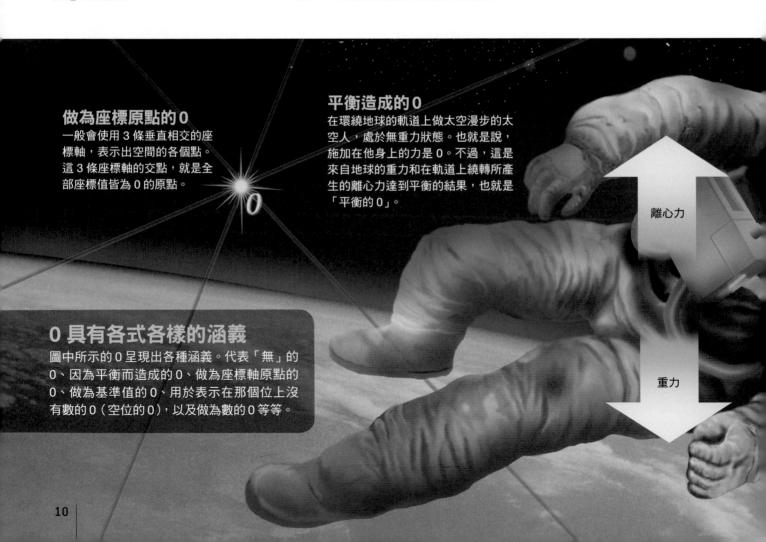

做為座標原點的 0
一般會使用 3 條垂直相交的座標軸，表示出空間的各個點。這 3 條座標軸的交點，就是全部座標值皆為 0 的原點。

平衡造成的 0
在環繞地球的軌道上做太空漫步的太空人，處於無重力狀態。也就是說，施加在他身上的力是 0。不過，這是來自地球的重力和在軌道上繞轉所產生的離心力達到平衡的結果，也就是「平衡的 0」。

離心力

重力

0 具有各式各樣的涵義
圖中所示的 0 呈現出各種涵義。代表「無」的 0、因為平衡而造成的 0、做為座標軸原點的 0、做為基準值的 0、用於表示在那個位上沒有數的 0（空位的 0），以及做為數的 0 等等。

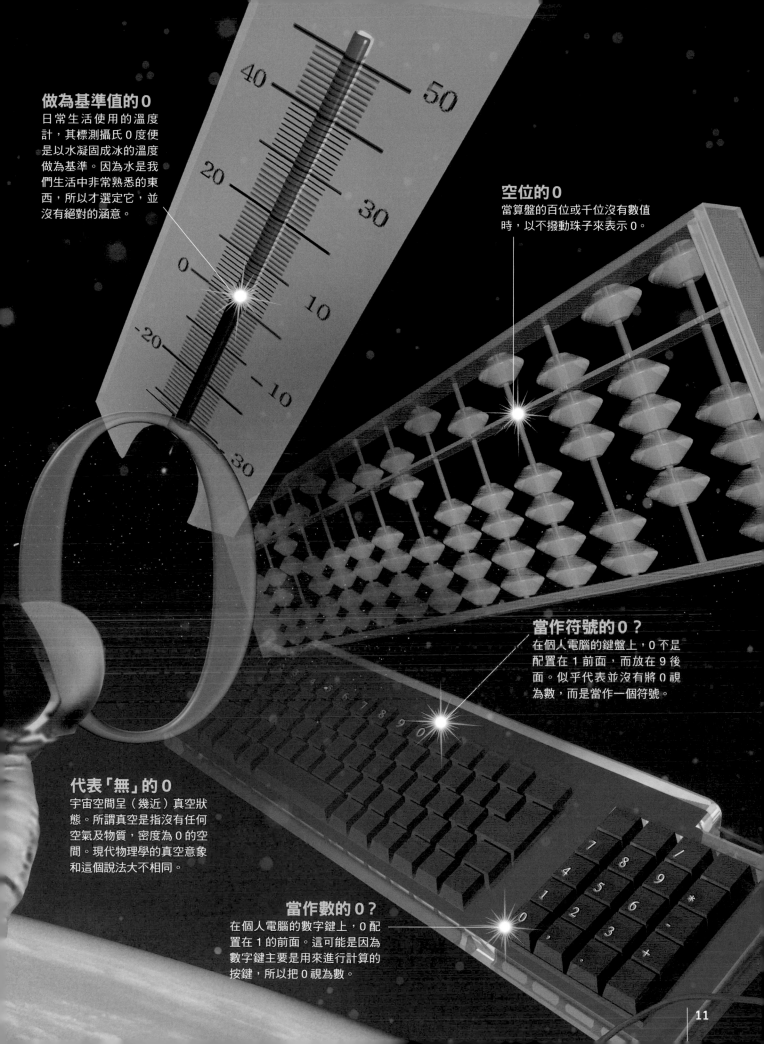

做為基準值的 0
日常生活使用的溫度計，其標測攝氏 0 度便是以水凝固成冰的溫度做為基準。因為水是我們生活中非常熟悉的東西，所以才選定它，並沒有絕對的涵意。

空位的 0
當算盤的百位或千位沒有數值時，以不撥動珠子來表示 0。

當作符號的 0？
在個人電腦的鍵盤上，0 不是配置在 1 前面，而放在 9 後面。似乎代表並沒有將 0 視為數，而是當作一個符號。

代表「無」的 0
宇宙空間呈（幾近）真空狀態。所謂真空是指沒有任何空氣及物質，密度為 0 的空間。現代物理學的真空意象和這個說法大不相同。

當作數的 0？
在個人電腦的數字鍵上，0 配置在 1 的前面。這可能是因為數字鍵主要是用來進行計算的按鍵，所以把 0 視為數。

多虧有 0 的存在，數的符號大為減少

使用 0 做為符號的好處之一，在於只需少數的符號，便能簡單地表示極大的數。例如，使用國字表示數的時候，除了一到九，還需要十、百、千，接著每 4 位數要使用一個新的國字，如萬、億、兆、京等等。但若使用 0，便能記成像 10,000、100,000,000、1,000,000,000,000,000……，無論多大的數，不需構思新的符號即可清楚表示，只要有 0～9 這 10 個數字就夠用了。這樣的記數方法稱為「位置記數法」，採用這個方法時，「0」用來表示某個位什麼也沒有，在其中扮演著相當重要的角色。

另一方面，埃及則是在各個位加上不同的符號，例如 10 用表示「腳鐐」的符號、100 用表示「繩子」（捲尺）的符號、1000 用表示「荷的莖與葉」的符號等等。而在希臘，使用的符號種類更多，例如 10 用 ι 來表示、20 用 κ、30 用 λ、40 用 μ、100 用 ρ、200 用 σ、300 用 τ、400 用 υ 等等。

馬雅文明（西元前 6 世紀左右？）和美索不達米亞文明（紀元前 3 世紀以降）則採行使用 0 的位置記數法。此外，馬雅也使用象形文字來表示數字，例如 0 是以「手掌托著下巴的側臉」等圖形（下圖）。

這兩個文明雖然發明了劃時代的記數法，但 0 仍然只是用來表示空位的「符號」而已，並沒有把 0 用在計算上（0＋2 等等）。據推測，古代文明可能用類似算盤的工具或算籌（排列木片進行計算的器材）來做計算，數字只是用來記錄計算的結果而已。因此，0 沒有使用在計算上，以致於無法發展成為「一個獨立的數」！

美索不達米亞記數法使用 0 做為符號
美索不達米亞（巴比倫）採用 60 進位法，所以右端為個位，中央為 60 位，最左邊為 60^2（3600）位。左圖中，在 60 位使用了表示空位的 0 符號。這個數字的 60^2 位為 1，60 位為 0，個位為 2，如果改成現代的記法，即變成（3600×1）＋（60×0）＋（1×2）＝3602，記成 3602。

刻在石碑上的馬雅象形文字 0
手掌托著下巴的側臉。

古代文明的 0 符號與數字

現代的數字 （阿拉伯數字）	埃及 的數字	希臘 的數字	美索不達米亞的數字 （ 60 進位法 ）	馬雅的數字 （ 20 進位法 ）
0	沒有	等等。西元前後寫於天文莎草紙的60進位法所採用的符號	等等	

0當作數的起源與算盤

在許多古代文明中，會使用類似算盤的工具或算籌（排列木片進行計算的器材）來做計算，數字似乎僅是用來記錄計算的結果。不會用 0 來計算，故 0 無法發展成為一個獨立的「數」。

時鐘與羅馬數字

有些現代時鐘會在鐘面上使用羅馬數字做為標記。羅馬數字沒有表示 0 的符號，10用X、50用L、100用C來表示。

※ 鐘面上大多使用「IIII」表示 4，但此處使用「IV」。

0 的發現

最早由印度
將 0 當作數

在好幾個文明中，都有使用 0 做為「位置符號」的紀錄，但也只是一個用來表示沒有數字和單位的符號而已。

目前最有力的說法，認為以現代意義來說，印度乃最早把 0 當作一個獨立的「數」，意指把 0 作為加減乘除等運算的對象。

發現可以將 0 當作數來使用，這對後來數學史的發展非常重要。如果沒有當作數的 0，便無法進行例如（$x-3$）（$x+2$）$=0\rightarrow x$ $=3,-2$ 以及 $2^0=1$ 之類的計算。

印度使用黑色圓形的「點」（·）做為 0 的符號。文獻中最早的紀錄，是在西元550年左右的天文學書籍《五種曆數全書》（Pañcasiddhāntikā）。太陽在天球上的運行，每 1 天雖然移動約60分（60分為 1 度），但會依季節而有所變動。這個運行記為「60±a分」，但在剛好60分的時期則記為「60-0」。至少在 6 世紀中葉的階段，印度對於 0 是運算對象這件事已有了部分認知。

那麼，為什麼印度會開始將 0 當作數使用呢？研究印度數學史的日本同志社大學名譽教授林隆夫博士有下述的一段說法。

「在印度，不但有使用 0 做為位置符號的基礎，還有進行筆算的背景。例如，要用筆算做『25＋10』的時候，無可避免地，必須在個位做『5＋0』的運算。這裡是不是就出現了把 0 當作運算對象的必要性呢？」

究竟是印度的哪位人士「發現」可以將 0 當作數，至今依然成謎。但這一小步，對於人類來說卻是非常大的一步。

現代的計算用數字（阿拉伯數字）

當作數的 0 於筆算中誕生？

在印度，當某個位沒有1～9的數字時，是使用「·」（點）這個數學符號來表示。除此之外，印度也會用筆算的方式，拿粉筆寫在石板或獸皮上，或是把沙或粉撒在平面上，再用手指或棒子書寫。左下方為利用筆算進行「15＋23＋40＝78」的示意圖。在這則計算中，個位必須進行「5＋3＋0」的0加法計算。這很可能涉及把0當成數的概念。

印度的數字經由阿拉伯語文化圈傳到歐洲

我們目前採行的記數法，是使用「0～9」（左）做為計算用的數字。這種包含0的記數法（右下）最早起源於印度，首先傳到了以阿拉伯語為主的伊斯蘭文化圈，後來才經由西班牙、義大利普及到整個歐洲。當時的歐洲人誤以為這是阿拉伯人的發明，因此把這些數字稱為阿拉伯數字，一直沿用到今天。

中國也有0的「種子」

在古代中國，使用算籌解多元一次聯立方程式（$ax+by=p$，$cx+dy=q$ 等等）的時候，把係數為0而沒有放置算籌的項稱為「無入」，並且建立了「無入－正數＝負數」的算籌加減規則。若以符號來表示，相當於 $0-a=-a$。但「負數」並非現代的「負數」，而是指「應該減去的算籌數量」。0的概念似乎沒有從這裡進一步發展起來。

古代印度的數字（笈多王朝，4～6世紀）
右下方為0，左上方為1，後面依序為2、3、⋯⋯、9。

● 0的除法令印度數學家十分苦惱

西元628年的天文學書籍《五種曆數全書》中記載了 $a\pm0=a$，$0\pm0=0$，$a+(-a)=0$，$a\times0=0\times a=0$，$0\times0=0$，$0^2=0$，$\sqrt{0}=0$，$0\div a=0$ 等等數學式子。由此可以明顯得知，印度已經把0當作運算的對象了。不過有趣的是有時會推導出 $0\div0=0$ 這種謬誤的結果，或者把 $a\div0$ 只以「分母為0的東西」來表示，而不闡述它的意義。即使在現代數學中，0的除法仍然是個無法運算的禁制規則。

　　0的除法令印度數學家大為苦惱，還有人主張 $a\div0=0$ 或 $a\div0=a$ 或（$a\div0$）$\times0=a$ 等等，這些主張在現代數學中全都是錯的。此外，西元12世紀的婆什迦羅第二（Bhāskara，1114～1185）則是把 $a\div0$ 以「無限量」來表示，將0當作數來處理，主張「無論把它加上什麼數，或減去什麼數，都不會改變」（$\infty\pm a=\infty$）。以現代數學的眼光來看，這並不是正確的記述方法。不過到了16世紀後半期，克里希納（Krishna）提出如果使 $a\div x$ 中的 x 無窮盡地趨近於0，則 $a\div x$ 會成為無限大，企圖利用「極限」的概念來說明 $a\div0$。甘尼許（Ganesha）則主張 $0\times x=0$ 的解為「任意」，亦即不定。

剩下的距離絕對不會變成 0？

假設把某種東西「無限」地分割下去，則它會無窮盡地趨近於「0」。0 和無限其實具有一體兩面的關係。在這裡，讓我們來看看使古希臘哲學家苦惱萬分的無限問題。

在各種無限的問題中，最著名的莫過於「芝諾悖論」（Zeno's paradox）。哲學家芝諾（Zeno of Elea，約前490～前430）提出過許多悖論（表面上讓人以為矛盾的問題），其中一個即是「無法抵達目的地」（二分法）。

某個人想要到某個地方。首先，他必須通過從出發到目的地之間的中間點。通過中間點之後，從這個中間點到目的地之間，又可以設定第二個中間點，他也必須通過第二個中間點才行。依照同樣的思維，與目的地之間的距離將無窮盡地趨近於「0」，但也會有無限個必須通過的中間點存在。芝諾表示：「由於中間點有無限個，不可能全部通過，所以永遠無法抵達目的地。」

這個「無法抵達目的地」的芝諾悖論顯然與現實狀況不符。但是，古希臘的哲學家不知道該如何處理「無限」這個怪物才好，被芝諾悖論搞得頭痛不已。

到了現代，已經能簡單地說明這件事。假設到達第一個中間點所需的時間為 1 秒，則到達第二個中間點所需的時間為 2 分之 1 秒，接著到達第三個中間點所需的時間為 4 分之 1 秒。也就是說，抵達目的地所需的時間可以利用「$1 + \frac{1}{2} + \frac{1}{4} + \frac{1}{8} + \frac{1}{16} + \cdots$」（秒）這個無限的加法來求算。

芝諾認為這個算式「因為無限地相加，所以答案為無限大」，但事實並非如此。實際計算之後即可得知，這個加法算式的答案無窮盡地趨近於 2，但絕對不會超過 2。也就是說，2 秒之後即可抵達目的地。像這樣，雖然無限相加卻收斂於有限的值，並不是罕見的例子。

剩下的距離越來越接近「0」，但永遠無法抵達目的地？

若要抵達目的地，必須通過從出發處到目的地之間的第一個中間點。接下來，必須再通過第一個中間點到目的地之間的第二個中間點。依照這樣無限地繼續下去，便會呈現右圖所示，各個中間點之間的路段以不同顏色區分，並且分別畫上一名跑者。可以設定無限個中間點，使剩下的距離無窮盡地趨近於 0，但絕對不會變成 0。芝諾主張：「因為不可能通過無限個中間點，所以無法抵達目的地。」這個主張是源於對「無限加法會得到無限大答案」的誤解。

利用圖形解答悖論

假設跑者以秒速 5 公尺奔跑，則 t 秒後抵達的距離 L 記成「$L = 5t$」的式子，並呈現如左圖。假設目的地在 10 公尺的前方，則由「$10 = 5t \rightarrow t = 2$」可知 2 秒後會抵達。在古希臘，幾乎看不到類似這樣以時間函數來表示距離的概念。

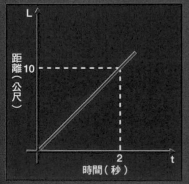

無限加法（級數）

左邊是面積為 2 的正方形。其中左半邊的面積為 1。剩下的右半邊再一半的面積為 $\frac{1}{2}$。剩下的部分再一半的面積為 $\frac{1}{4}$。依照這樣無限地繼續下去，則「$1 + \frac{1}{2} + \frac{1}{4} + \frac{1}{8} + \frac{1}{16} + \cdots\cdots$」的結果將會無窮盡地接近正方形的面積，但不會超過 2。

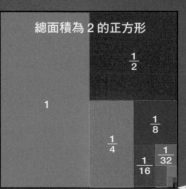

總面積為 2 的正方形

$\frac{1}{2}$

1

$\frac{1}{8}$

$\frac{1}{4}$

$\frac{1}{16}$

$\frac{1}{32}$

← 面積無窮地趨近於「0」

阿基里斯和烏龜的悖論

雖然阿基里斯到達烏龜最初的位置（第1地點），但是在這段期間，烏龜又往前爬行了一段距離（第2地點）。接著，阿基里斯又到達烏龜的位置（第2地點），但是在這段期間，烏龜又往前爬行了一小段距離（第3地點），如此無限地反覆下去。雖然阿基里斯與烏龜的距離無窮盡地接近「0」，但阿基里斯絕對無法追上烏龜……。以上是稱為「阿基里斯和烏龜」的悖論，這個也是源於對「無限加法會得到無限大答案」的誤解。

阿基里斯

第1地點

第2地點

第1中間點

第2中間點

第3中間點

第4中間點

第5中間點

目的地

放大

放大

剩下的距離無窮盡地接近「0」，但絕對不會變成「0」。

大小為0的「點」創造出無限的不可思議

這回來探討無限巨大的量（無限大）。正如印度的某些數學家把「1÷0」當作無限量，在歷史演進過程中，無限大和0是一體的兩面。

積極處理無限大問題的先驅者，當屬德國數學家康托爾（Georg Cantor，1845～1918）。足立恒雄博士說道：「古時候一談到無限，就覺得它既神祕又不可思議，無法運用數學做積極的處理，但是康托爾卻提出『無限集合也有濃度』這個前所未有的概念。」

什麼是無限集合的濃度呢？

例如自然數、偶數，還有線段中的「點」（大小為0）等各式各樣的集合，都是無法數完全部的「無限集合」。但是像自然數的集合{1, 2, 3, 4, 5, ……}和偶數的集合 {2, 4, 6, 8, 10, ……}，雖然無法數完全部，但能毫無遺漏地數出它的元素。

另一方面，線段中的點就不是這樣。無論截取線段中多麼短小的區間，其中都含有無限個大小為0的點，不可能毫無遺漏地數出這些點。這就是所謂「0的

魔力」吧！

也就是說，雖然都稱為無限，但可分為能毫無遺漏地數出元素的無限，和不能數出的無限。於是康托爾主張：線段中的點集合是「濃度比較高的無限」。這種把無限和無限拿來比較的嶄新概念，一開始也曾遭到學界的強烈反彈。但是後來，康托爾的功績獲致越來越多人的肯定，從而對學界造成極大的影響。

「全部」和「部分」的個數相同？

下圖為自然數、偶數、平方數（自然數乘上2次方的數），還有直線（實數）等無限集合的比較。偶數與平方數能夠分別無窮盡地持續與自然數成1對1的對應關係（黃線的對應）。這種情形在數學上稱為「濃度相等」。

稍微深入思考一下，即可發現不可思議的事情。偶數和平方數顯然只是自然數的一部分，卻因為集合的元素有無限多個，而能成為1對1的對應關係。這表示自然數和偶數、平方數的「個數」（和有限集合個數的意義不同）相等。也就是說，「全體大於部分」這個理所當然的觀念，在無限集合的領域中並不成立。

另一方面，如果假設直線上所有的點與所有的自然數都成1：1的對應關係，將會產生矛盾（康托爾利用稱為「對角線論法」的方法證明了這件事）。也就是說，直線上所有點形成集合的「濃度比較高」。

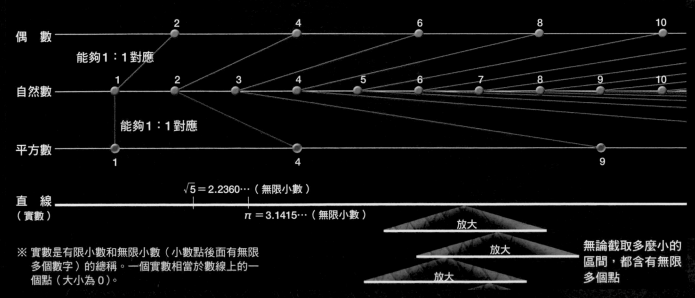

※ 實數是有限小數和無限小數（小數點後面有無限多個數字）的總稱。一個實數相當於數線上的一個點（大小為0）。

直線、平面與空間之點的「個數」相等

線段中的點集合比起自然數及偶數等等，是「濃度比較高的無限」。那麼，不同長度之線段中的點集合、線段擴展成「平面」上的點集合、平面擴展成「空間」內的點集合，濃度應該都不一樣吧？

首先來思考一下，線段AB和比它更長的線段CD（**1**）。從兩者外部的點O畫上輔助線，則線段AB上所有的點，和線段CD上所有的點，都能1：1對應。也就是說，線段中點的「個數」與長度無關（濃度相等）。

正確地說，當集合X的元素和集合Y的元素之間，能夠成為1：1的對應時，即稱X與Y的濃度相等。如果X和Y都是由有限個元素組成的集合（有限集合），就表示X和Y的元素個數必定相等。

再來，平面和空間的點又是如何呢（**2**）？直線只是平面的一小部分，但出人意料之外，直線上的點和平面上的點居然能夠成為1：1的對應關係。也就是說，不過就是因為直線（平面的一部分）中點的「個數」和整個平面（全體）上點的「個數」相等（濃度相等）。

把它進一步發展，則空間內點的「個數」也相同（濃度相等）。結果，線段、平面、空間中的點集合全部都是相同濃度的無限。

1.線段中點的「個數」不會依長度而有所不同

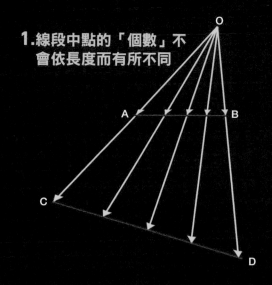

2.直線與平面的點成1：1的對應關係

我們來思考一下，邊長為1的正方形內部（中）和長度為1的線段（左）。

例如，對於正方形內部的一個座標$(x, y) = (0.1234\cdots, 0.5678\cdots)$的點（中），交錯取其$x$座標、$y$座標的小數點後面的數字，構成一個小數「$0.15263748\cdots$」，並假設它是線段上的一個點（左）。依照這個方式，則對於正方形中所有的座標(x, y)，都可以構成線段上的一個點z（設$x = 0.a_1 a_2 a_3 a_4 a_5 \cdots a_n \cdots$，$y = 0.b_1 b_2 b_3 b_4 b_5 \cdots b_n \cdots$時，$z = 0.a_1 b_1 a_2 b_2 a_3 b_3 a_4 b_4 a_5 b_5 \cdots a_n b_n \cdots$。在上面例子中，$a_1 = 1$，$a_2 = 2$，$a_3 = 3$，$a_4 = 4 \cdots$，$b_1 = 5$，$b_2 = 6$，$b_3 = 7$，$b_4 = 8 \cdots$）。

也就是說，正方形中的點和線段中的點，全部能夠成為1：1的對應關係。由於線段中點的「個數」與長度無關（**1**），所以會得出「直線和平面之點的「個數」相等」的結論。

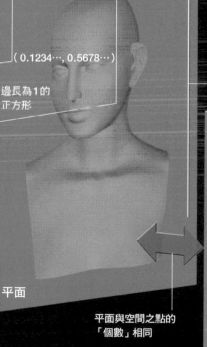

莫比烏斯帶

無限的示意圖。莫比烏斯帶是沒有正、反面之分的神奇環帶。

※$z = 0.15263748\cdots$

$(0.1234\cdots, 0.5678\cdots)$

邊長為1的正方形

直線

直線與平面之點的「個數」相等

平面

0

z

1

0   x   1

y

1

平面包含直線

平面與空間之點的「個數」相同

空間包含平面

空間

無限階梯

無限的示意圖。圖中的人無論走下多少階都無法抵達終點。這是與無限有關的著名視錯覺圖。

「無窮盡趨近於0」的數學支撐著現代社會

想要求算圓的面積時，怎麼做才好呢？把正方形嵌入圓內，剩下的空間再用更小的正方形嵌入。一邊使正方形的大小無窮盡地趨近於「0」，一邊重複相同的操作，即可求出圓的面積。

數學領域中有一門「微積分」，就是利用這種「無窮盡地趨近於0」的手法，求算曲線所圍繞的面積及切線，或求得圖形於何處有最大值、最小值等等。微積分即是從圍繞著「0」的嘗試錯誤中累積而生。

微積分的應用領域非常廣泛。自從英國的牛頓（Isaac Newton，1642～1727）提出構思之後，一直被用來做為力學（說明物體運動等的物理學）的必要手段。在現代物理學中，微積分也在各個領域，發揮出強大的威力。

甚至，如果要說微積分是現代社會的大支柱，一點也不為過。例如，在建築物的設計上，必須事先充分計算施加的荷重及強度等等，方能確保結構的安全性，其計算理論便運用了微積分。經濟領域也不例外。想要分析現代複雜的經濟系統，萬萬不可缺少含有微積分的數學手法。

說到微積分的創始者，除了牛頓之外，不能不提到德國數學家萊布尼茲（Gottfried Leibniz，1646～1716）。萊布尼茲和牛頓幾乎在同一個時期分別創立了微積分。牛頓比萊布尼茲稍微早一步開始著手微積分的研究（約1665年～）。不過，牛頓是個保密到家的人，一向很少發表自己的研究內容。因此，萊布尼茲在沒有受到牛頓的影響而獨立研究微積分到什麼程度，便成為一個十分微妙的問題。

事實上，英國和德國曾為了誰才是微積分的真正創始者，掀起激烈的論戰。順帶一提，現代微積分所使用的符號，是由萊布尼茲創造的。

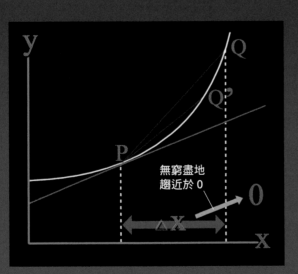

微分（求取曲線之切線的方法）
求點P切線的方法如下所述。在曲線上取一點Q，使其 x 座標和點P相差△x，接著畫直線PQ連結點P和點Q。當點Q沿著曲線無窮盡（Q'）接近點P，亦即△x無窮盡地趨近於0時，通過點P的直線PQ'即為所求的切線。

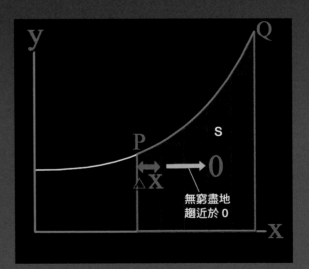

積分（求算曲線所圍面積的方法）
上方綠色區域的面積求法如下。在點P和點Q之間嵌入寬△x的長條形（紅色）。設這些長條形的面積總和為S。使△x無窮盡地趨近於0，則S即會無窮盡地接近所求的面積（綠色）。

$$\frac{dx}{dy}$$
$$\int y\,dx$$

彈道學

在計算大砲砲彈初速度、發射角度，以命中預定目標的用途上，微積分便派上了用場。

萊布尼茲（1646～1716）

與牛頓在同一個時期分別提出微積分。萊布尼茲非常重視符號，建立了容易使用的符號系統。現代微積分所使用的符號（左上）就是萊布尼茲首創的。

支撐現代社會的微積分

微積分從無數圍繞著「0」的嘗試錯誤中誕生，運用在各個領域上。包括現代物理學、建築學、經濟學等等。可說沒有微積分就無法發展出現代的社會。

牛頓（1642～1727）

微積分首創者，對物理學的發展貢獻卓越。在整個科學史上也是頂尖的科學家之一。他的功績不勝枚舉，包括以萬有引力定律為首的牛頓力學，以及光學方面的研究等等。

經濟學

在經濟學的理論中，也是處處都運用到微積分。想要分析現代如此複雜的經濟系統，微積分是不可或缺的工具。圖示為證券交易所的意象。

建築學

在計算施加於建築物的荷重及強度的理論中，微積分是非常重要的工具。圖示中的吊橋，荷重完全由橋塔來支撐，為確保它的安全性，設計上須要求極高的精度。

沒有比絕對溫度0度更低的溫度存在

從這裡開始，將介紹自然界中出現的各種0。首先來看看溫度的0度。

攝氏0度的意義，只是人類熟悉的「水」凍結成冰的溫度而已。而物理學所使用的「絕對溫度」（absolute temperature），0度相當於攝氏負273.15度，是溫度的下限。也就是說，沒有比絕對溫度0度更低的溫度。顧名思義，就是具有「絕對」意涵的溫度。

追根究柢，所謂的溫度，是指微觀世界中原子（或分子）運動的劇烈程度。也就是說，溫度越低，表示原子的運動越緩和。當原子完全靜止不動的時候，就是絕對0度。不過，這是以古典物理學的角度來思考的說法，若是依據奠基現代物理學的量子論，這個說法並不嚴謹（參照右頁右下圖）。

在接近絕對溫度0度的狀態下，會發生十分奇妙的現象。荷蘭物理學家歐尼斯（Heike Kamerlingh Onnes，1853～1926）於1908年把原本很難液化的氦，成功液化（絕對溫度4.2度）。他進一步利用液化的氦把水銀冷卻，並檢視其電阻。結果發現在絕對溫度4.2度附近，水銀的電阻突然變成0。

當電阻為0時，即使不施加電壓，電流也能持續永久流通。這種非常奇妙的狀態稱為「超導性」（superconductivity）或「超導電性」，可以運用在許多方面。例如，把超導物質做成導線再捲成線圈，就可以製造出非常強力的電磁鐵。超導磁鐵已經開始實用化，例如運用在能拍攝人體斷層影像的「MRI」（核磁共振攝影）裝置上，以及製造磁浮列車的懸浮用磁鐵等等。

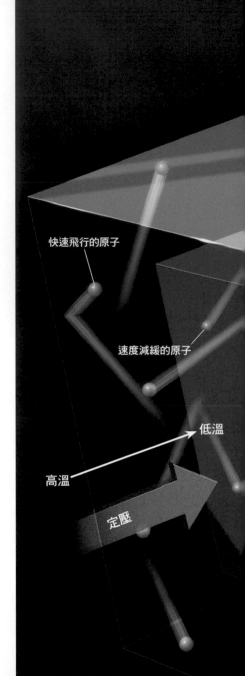

快速飛行的原子

速度減緩的原子

低溫

高溫

定壓

超導現象

把某種物質降溫至某個程度而呈電阻為0的現象。把小型永久磁鐵放在超導體上方，會懸浮在空中。超導體為了排除永久磁鐵發出的磁力線，會在與磁力線相反的方向上產生環狀電流，稱為「邁斯納效應」（Meissner effect）。如果是具有電阻的金屬，電流會立刻減弱，但若是電阻為0的超導體，則電流會持續流通。因此，磁鐵會懸浮在空中。

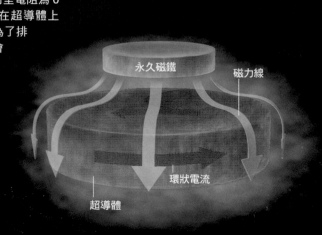

永久磁鐵

磁力線

環狀電流

超導體

氣體的體積在絕對溫度0度會收縮成0

溫度就是指原子運動的劇烈程度。在上方圖中，以軌跡的長度表現原子運動的劇烈程度。在壓力固定的狀態下，把溫度逐漸降低，則氣體的體積會逐漸減小。假設以攝氏0度時的體積為基準，則溫度每降低1度，體積會減少273.15分之1。當溫度降到攝氏負273.15度時，理論上氣體的體積會減到「0」，原子的運動也會完全停止。也就是說，再也沒有比這更低的溫度了，所以把這個溫度稱為「絕對溫度0度」（攝氏負273.15度）。不過以現實的氣體來說，原子彼此之間有引力在作用，所以在降到絕對溫度0度之前，會成為液體或固體。

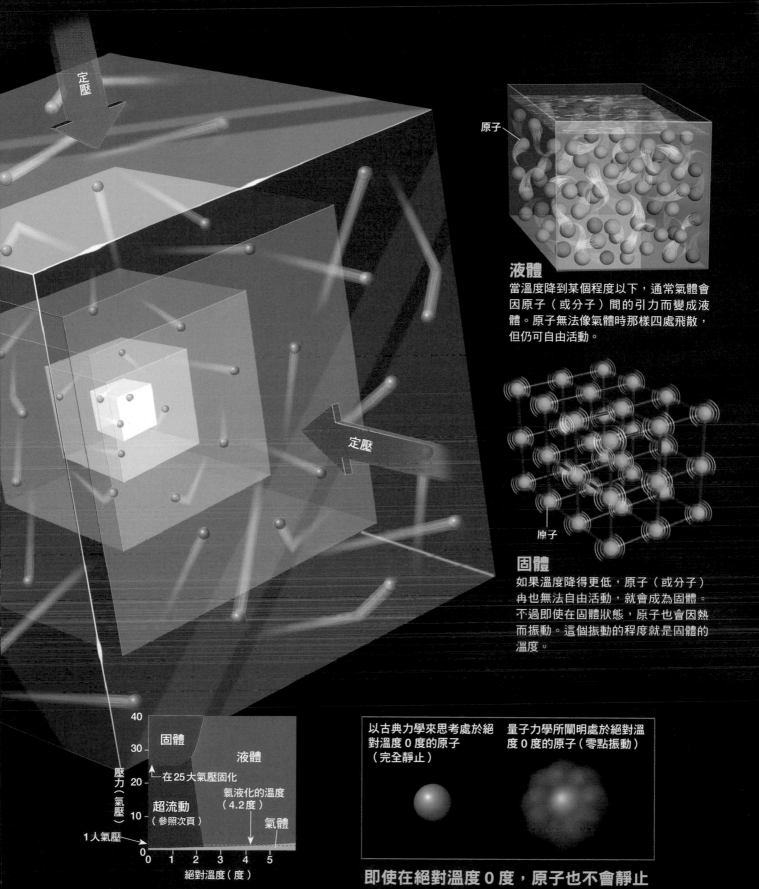

原子

液體
當溫度降到某個程度以下，通常氣體會
因原子（或分子）間的引力而變成液
體。原子無法像氣體時那樣四處飛散，
但仍可自由活動。

原子

固體
如果溫度降得更低，原子（或分子）
再也無法自由活動，就會成為固體。
不過即使在固體狀態，原子也會因熱
而振動。這個振動的程度就是固體的
溫度。

定壓

定壓

40
30
固體
液體
壓
力
（
氣
壓
）
20 ─ 在25大氣壓固化
超流動
（參照次頁）
氦液化的溫度
（4.2度）
10
氣體
1人氣壓 ─
0
0　1　2　3　4　5
絕對溫度（度）

以古典力學來思考處於絕
對溫度 0 度的原子
（完全靜止）

量子力學所闡明處於絕對溫
度 0 度的原子（零點振動）

即使在絕對溫度 0 度，原子也不會靜止
「量子論」是說明原子大小之微觀世界的理論。根據量子
論，原子無法完全靜止。也就是說，即使在絕對溫度 0 度
也不會靜止（零點振動）。氦是非常輕的元素，零點振動
的效應相當大，而且在原子之間作用的引力（凡德瓦力）
非常微弱，所以不會成為固體。

即使在絕對溫度 0 度，氦也不會結凍
上圖顯示氦因溫度和壓力而造成的狀態變化。一般元素
在低溫時都會結凍，但氦即使在絕對溫度 0 度也不會結
凍（圖中顯示在 1 大氣壓、0 度時，並未進入固體區）。

無論多小的孔洞，阻力為0的「超流動」都能順利通過

接著來看看「阻力為0」，也就是「沒有阻力」所產生的不可思議現象！

　　無論什麼樣的液體，多多少少都會有些黏性。水也不例外，推壓針頭尖細的注射針筒時，必須施加某個程度的力，就是因為黏性會產生阻力的緣故。

　　但是，如果把液態氦冷卻到絕對溫度2.2度以下，則無論多細小的管子，不必施加任何力，也能順利地穿過去。這個現象稱為「超流動性」（superfluidity）或「超流性」。超流動氦沒有黏性，也沒有阻力。而且就算遇到濾水器之類填滿障礙物的東西，也能若無其事地穿過去。

　　日本東京工業大學名譽教授奧田進一博士針對這個不可思議的現象，做了以下說明：「一般液體中的各個原子會自由地活動，所以當原子碰到障壁的時候，運動會立刻減弱，這就是阻力。但就超流動氦而言，它的各個原子無法『單獨行動』，而是處於眾多原子宛如手拉手串在一起的狀態，所以即使遇到障礙物，它的流動也不會受到阻擾，因此呈現出沒有阻力的情形。」

　　事實上前頁介紹的「超導性」，就是電子結伴而成的超流動現象。電子對結晶中的離子等障礙物，也能毫無阻力地流動。

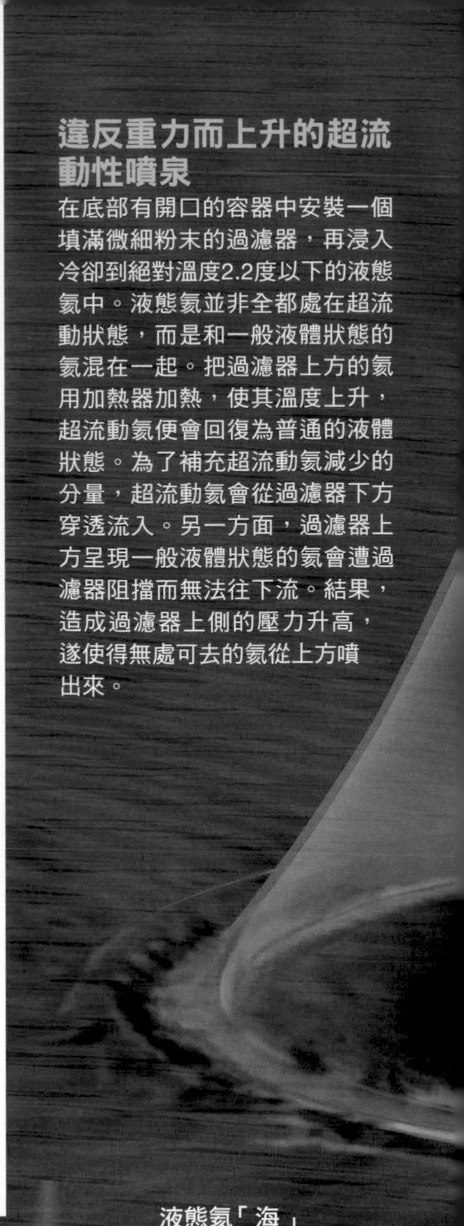

違反重力而上升的超流動性噴泉

在底部有開口的容器中安裝一個填滿微細粉末的過濾器，再浸入冷卻到絕對溫度2.2度以下的液態氦中。液態氦並非全都處在超流動狀態，而是和一般液體狀態的氦混在一起。把過濾器上方的氦用加熱器加熱，使其溫度上升，超流動氦便會回復為普通的液體狀態。為了補充超流動氦減少的分量，超流動氦會從過濾器下方穿透流入。另一方面，過濾器上方呈現一般液體狀態的氦會遭過濾器阻擋而無法往下流。結果，造成過濾器上側的壓力升高，遂使得無處可去的氦從上方噴出來。

液態氦「海」
一般液體狀態的氦和超流動狀態的氦混在一起。處在絕對溫度2.2度以下。

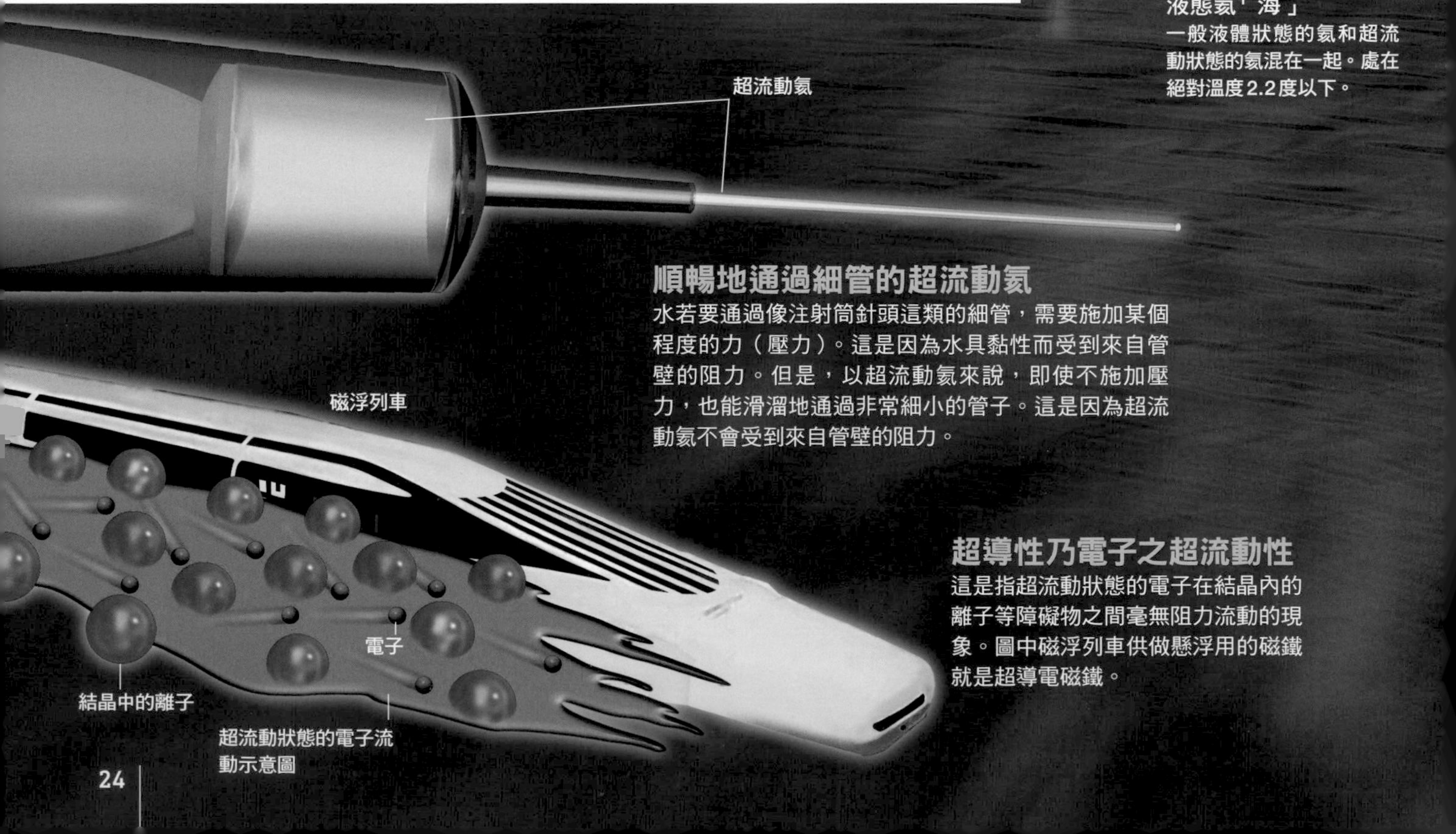

超流動氦

磁浮列車

電子

結晶中的離子

超流動狀態的電子流動示意圖

順暢地通過細管的超流動氦

水若要通過像注射筒針頭這類的細管，需要施加某個程度的力（壓力）。這是因為水具黏性而受到來自管壁的阻力。但是，以超流動氦來說，即使不施加壓力，也能滑溜地通過非常細小的管子。這是因為超流動氦不會受到來自管壁的阻力。

超導性乃電子之超流動性

這是指超流動狀態的電子在結晶內的離子等障礙物之間毫無阻力流動的現象。圖中磁浮列車供做懸浮用的磁鐵就是超導電磁鐵。

壓力高而無處可去的
液態氦遂宛如噴泉般
從上部噴出。

中子星也具超流動性

中子星（脈動電波星，pulsar）
是由中子構成的「巨大原子
核」。在原子核內，質子和中子
與其說是固體，不如說更像液
體一般地自由流淌著。由於中
子星具有密度非常高的特殊條
件，所以中子可能超越液態而
成為超流動狀態。

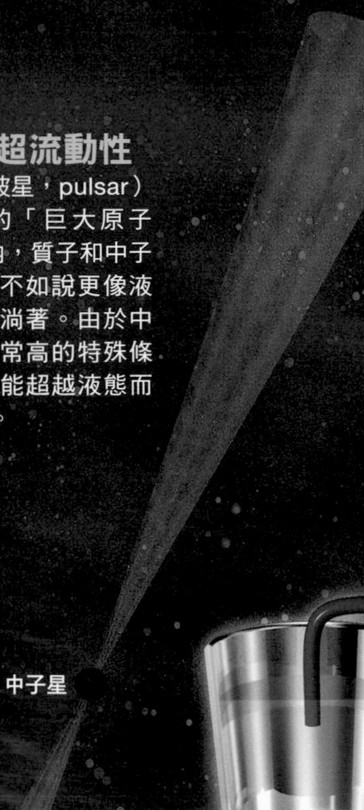

中子星

虹吸原理

把管子的一端插在液體中，
另一端放在比液面低的位
置。如果從低端吸引使管內
充滿液體，會由於壓力差
（大氣壓）的關係，使液體
開始自然地流動。

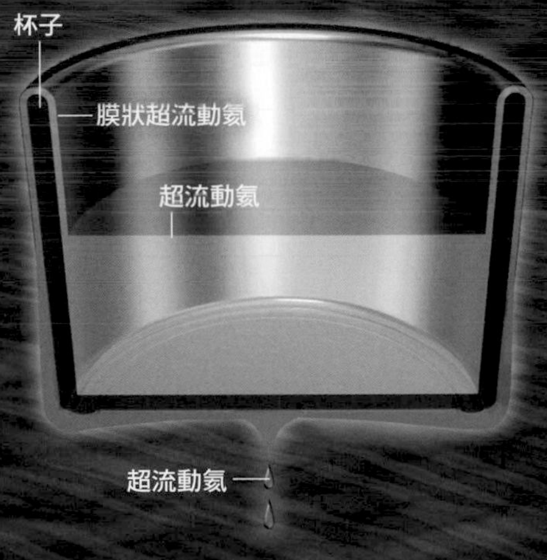

水

杯子

膜狀超流動氦

超流動氦

超流動氦

無法穿透過濾器
的一般液態氦

加熱器

過濾器

順暢通過過濾器的
超流動氦

像生物般爬上壁面滿溢出來
的超流動氦

若把超流動氦裝在杯子裡，來自壁面的力
（分子間的力）會把液面往上拉，因而在
杯壁上形成超流動氦薄膜（圖中把膜的厚
度做誇張表現）。超流動氦能在薄膜中
「沒有阻力」地流動，所以會依循虹吸原
理而溢出杯外。

從周圍流入的超流動氦

底部有開口的容器

光之粒子「光子」
雖然質量為 0，卻會「落下」

現在來看看「質量為 0」的粒子——「光子」所產生的神奇現象。光具有「波」的性質，但也具有能夠逐個點數的「粒子」性質。

質量為 0 的光子會不會因為重力而「落下」呢？根據力學，質量0.5公斤的物體所承受的地球重力，只有 1 公斤物體的0.5倍。依此推論，質量為 0 的光子所承受的地球重力即為 0，所以不會落下。

但請回想一下，義大利天文學家伽利略（Galileo Galilei，1564～1642）曾在比薩斜塔進行的那個實驗。若忽略空氣阻力不計，則一切物體只要以相同的條件（相同加速度）向下落，便會同時抵達地面，且與其質量無關，即使是0.000……001公斤的物體也一樣。如果是這樣的話，那麼質量為 0 的光子是不是也會同樣地落下呢？

對光子會受到重力影響提出正確預言的人，是德國物理學家愛因斯坦（Albert Einstein，1879～1955）。他在1915年發表「廣義相對論」，預言「光會因重力而彎曲」。跟採用之前的力學觀念去計算光子落下的彎曲軌跡相比，愛因斯坦計算出來的結果受到重力影響高達 2 倍之多。這是因為重力會造成空間「扭曲」。當光子通過空間時，會遭該空間「扭曲」拉扯，結果導致彎曲程度加大。

英國天文學家愛丁頓（Arthur Stanley Eddington，1882～1944）等人於1919年趁日食之際，觀察太陽背後之恆星發出的光，在太陽旁邊會如何彎曲，發現星光的彎曲情形與愛因斯坦的預言一致，也因此確定愛因斯坦的預言正確。

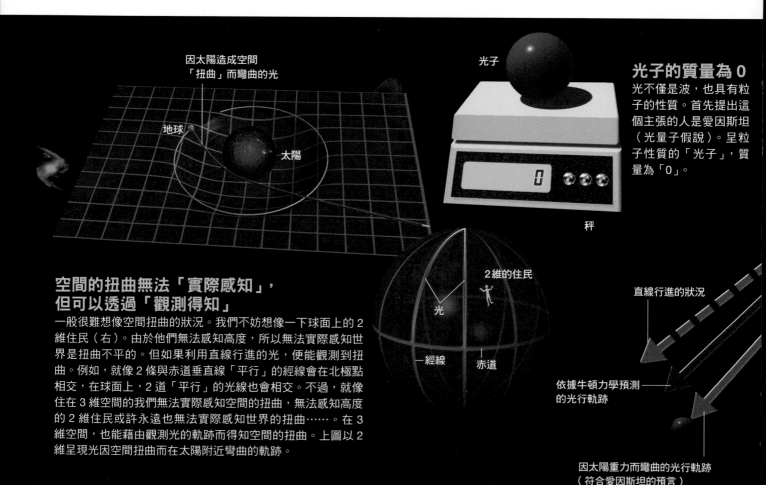

因太陽造成空間「扭曲」而彎曲的光

地球　太陽

光子

光子的質量為 0
光不僅是波，也具有粒子的性質。首先提出這個主張的人是愛因斯坦（光量子假說）。呈粒子性質的「光子」，質量為「0」。

秤

2 維的住民

光

經線　赤道

直線行進的狀況

依據牛頓力學預測的光行軌跡

空間的扭曲無法「實際感知」，但可以透過「觀測得知」
一般很難想像空間扭曲的狀況。我們不妨想像一下球面上的 2 維住民（右）。由於他們無法感知高度，所以無法實際感知世界是扭曲不平的。但如果利用直線行進的光，便能觀測到扭曲。例如，就像 2 條與赤道垂直線「平行」的經線會在北極點相交，在球面上，2 道「平行」的光線也會相交。不過，就像住在 3 維空間的我們無法實際感知空間的扭曲，無法感知高度的 2 維住民或許永遠也無法實際感知世界的扭曲……。在 3 維空間，也能藉由觀測光的軌跡而得知空間的扭曲。上圖以 2 維呈現光因空間扭曲而在太陽附近彎曲的軌跡。

因太陽重力而彎曲的光行軌跡
（符合愛因斯坦的預言）

愛因斯坦（1879～1955）

20世紀最偉大的物理學家之一。根據他的相對論，時間和空間並不是絕對的，而是能夠延伸及縮短。相對論已經成為現代宇宙論的重要基礎。

位於太陽後方
遠處的恆星

太陽

符合愛因斯坦預言的彎曲之光

愛因斯坦根據廣義相對論，預言太陽附近的強大重力會使光的行進軌跡彎曲。他所預言的彎曲程度是牛頓力學計算所得結果的 2 倍。1919年，英國天文學家愛丁頓等人利用日食之便，觀測太陽背後恆星發出的光通過太陽附近的情形。太陽本身發出的光因為日食而遭到遮蔽，所以能夠觀測到太陽背後恆星所傳來的光。他們確認這個光行軌跡彎曲了，而且彎曲的程度一如愛因斯坦的預言。

不斷收縮至大小為 0，
密度無限大的黑洞

愛因斯坦的廣義相對論更預言了在宇宙某處或許有「非常奇妙的東西」存在。這東西就是「黑洞」（black hole），這是星球經不斷地收縮成「大小為 0」、密度無限大的天體而在其周圍空間所製造出來的。黑洞的重力十分驚人，通過它附近的任何東西都會遭到吞噬。而且一旦吞噬進去，就無法逃脫出來，就算光也一樣。

美國物理學家歐本海默（Julius Robert Oppenheimer，1904～1967）等人在1939年根據廣義相對論，預言黑洞在現實的宇宙應該是存在的。恆星在一生的最後階段發生大爆炸，它的中心核卻由於強大的重力而塌縮，稱為「重力崩潰」或「重力塌陷」（gravitational collapse）。歐本海默預言，如果原來的恆星重量超過某個程度以上，中心核的重力崩潰會無法停止，且會不斷地收縮至大小為 0。也就是說，這個天體的密度將趨於無限大。它的驚人重力會對周圍的空間發揮奇妙的作用，形成所謂的黑洞。

黑洞本身不發光，無法直接觀測到。但是根據其周圍天體的運動，以及遭黑洞吸進去之氣體所放出的 X 射線等等，可以觀測到該天體似乎是擁有龐大質量的黑洞。事實上，在1970年左右，美國的 X 射線天文觀測衛星「烏呼魯號」（Uhuru，意即自由）觀測實際的天體「天鵝座 X－1」所發出的 X 射線，結果發現這個天體繞著很小但非常重，且看不到的恆星旋轉，因而判斷這是一個黑洞。後來，又發現了許多和天鵝座 X－1相同的天體。

此外，根據銀河系中心區的氣體及恆星的劇烈運動，逐漸得知銀河系中心本身是個巨大的黑洞。如今也已經確認，除了我們的銀河系以外，許多星系的中心區也有質量是太陽數百萬倍至數十億倍的超大質量黑洞存在。

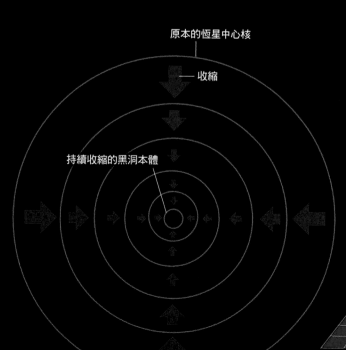

原本的恆星中心核

收縮

持續收縮的黑洞本體

黑洞的本體將會收縮至「0」

黑洞本體（原本的恆星中心核）將會繼續收縮至大小為「0」。不過，如果收縮成完全的 0，密度卻變成無限大，不符合現在已知的物理法則。日本早稻田大學理工學術院的前田惠一教授說：「應該會收縮到 10^{-33} 公分左右吧，但再下去就不得而知了。如果把廣義相對論和說明微觀世界的量子論融合在一起的新理論能夠完成，應該就能闡明黑洞內部最終會走向什麼樣的命運吧！」

朝黑洞掉進去的光

※：無法把 3 維空間的扭曲加以視覺化，因此以 2 維呈現。

圓周

半徑

黑洞扭曲的空間

黑洞周圍的空間遭致極端地扭曲，是個圓周比「直徑×3.14」還小的奇妙空間。

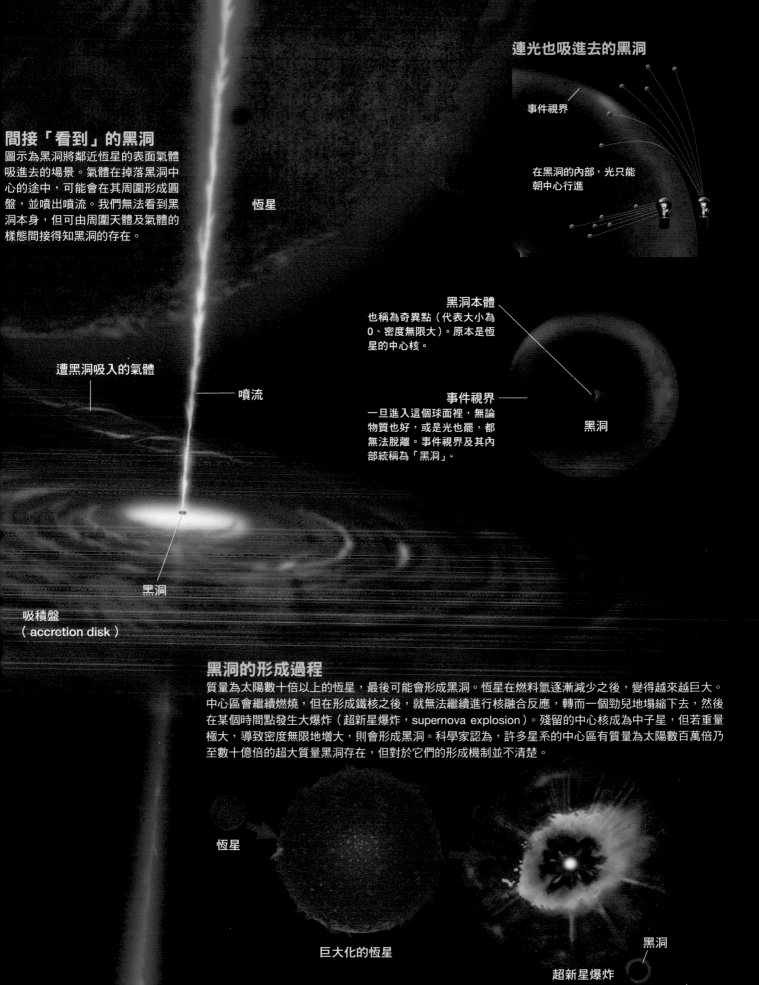

間接「看到」的黑洞

圖示為黑洞將鄰近恆星的表面氣體吸進去的場景。氣體在掉落黑洞中心的途中，可能會在其周圍形成圓盤，並噴出噴流。我們無法看到黑洞本身，但可由周圍天體及氣體的樣態間接得知黑洞的存在。

連光也吸進去的黑洞

事件視界

在黑洞的內部，光只能
朝中心行進

恆星

黑洞本體
也稱為奇異點（代表大小為
0、密度無限大）。原本是恆
星的中心核。

遭黑洞吸入的氣體

噴流

事件視界 ——
一旦進入這個球面裡，無論
物質也好，或是光也罷，都
無法脫離。事件視界及其內
部統稱為「黑洞」。

黑洞

黑洞

吸積盤
（accretion disk）

黑洞的形成過程

質量為太陽數十倍以上的恆星，最後可能會形成黑洞。恆星在燃料氫逐漸減少之後，變得越來越巨大。中心區會繼續燃燒，但在形成鐵核之後，就無法繼續進行核融合反應，轉而一個勁兒地塌縮下去，然後在某個時間點發生大爆炸（超新星爆炸，supernova explosion）。殘留的中心核成為中子星，但若重量極大，導致密度無限地增大，則會形成黑洞。科學家認為，許多星系的中心區有質量為太陽數百萬倍乃至數十億倍的超大質量黑洞存在，但對於它們的形成機制並不清楚。

恆星

巨大化的恆星

超新星爆炸

黑洞

接近黑洞的探測船，表觀速度會降為0

在黑洞的邊界面（事件視界）會發生非常奇妙的事情。所有掉落到這裡的物體，所具速度在表觀上都會變成「0」。

超大質量黑洞通常存在於星系中心等處。假想我們坐在太空母船上，觀察一架朝著質量為太陽100萬倍以上的超大質量黑洞（假設周圍沒有物質及天體）前進的探測船。

如果目標是地球或太陽的話，探測船的速度應該會受重力影響而急遽增加，朝著天體衝過去。但由於目標是黑洞，會發生十分奇妙的事情。不知道為什麼，探測船明明沒有踩煞車，但是看起來速度卻越來越慢。當探測船抵達極為貼近黑洞的邊界面（事件視界）時，速度終於變成「0」，完全停止不動。

事實上，這是廣義相對論所預言的時間延遲效應。根據廣義相對論，重力源附近的時間，從遠離重力源的重力較弱之處來看，會進行得比較慢。黑洞是一個超巨型的重力源，時間在它的邊界面會完全停止，因此在那個地方的探測船看起來速度變成「0」。

日本早稻田大學理工學術院的前田惠一教授說明：「但是，對搭乘探測船的太空人而言，時鐘一如往常地在走動。應該會覺得探測船什麼事情也沒有發生，照常通過黑洞邊界面，進入黑洞的內部。」

從太空母船來看，探測船將永遠無法抵達事件視界，但是從探測船來看，卻是一下子就通過事件視界了。這樣的情形並沒有矛盾，而是和相對論的核心概念有關。根據相對論，時間的進行並非對任何觀測者都一樣，而是會依觀測者的不同而有所差異。雖然違反我們日常生活的常識，但對飛到黑洞邊界面的探測船和停在遠方的太空母船來說，時間的進行卻是大相逕庭，很不一樣的。

速度逐漸降為「0」而轉呈「紅色」的探測船

根據廣義相對論，在重力源附近的時間會進行得比較慢。因此，從太空母船來看，探測船的表觀速度（apparent velocity，視速度）會越來越接近「0」。而且，從探測船發出的光，會受到巨大重力的「拉伸」而使波長變長。顏色依波長而定，所以這代表光會偏向紅色，這種現象稱為「紅移」（red shift）。到了最後，波長拉長到無限長，也就看不到光了。

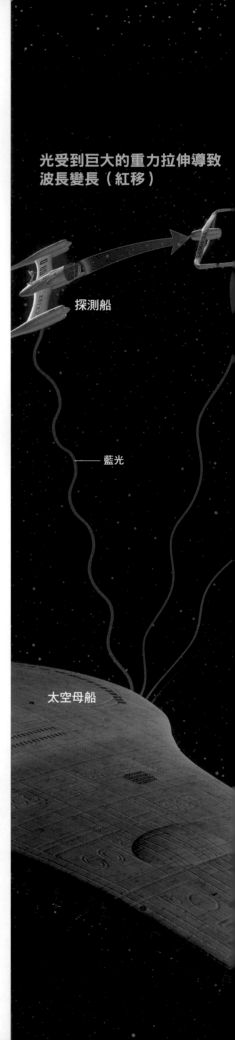

光受到巨大的重力拉伸導致波長變長（紅移）

探測船

藍光

太空母船

扭曲的星空

黑洞周圍的光會極端地彎曲,因此其背後的星空看起來呈現扭曲的樣貌(重力透鏡效應)。

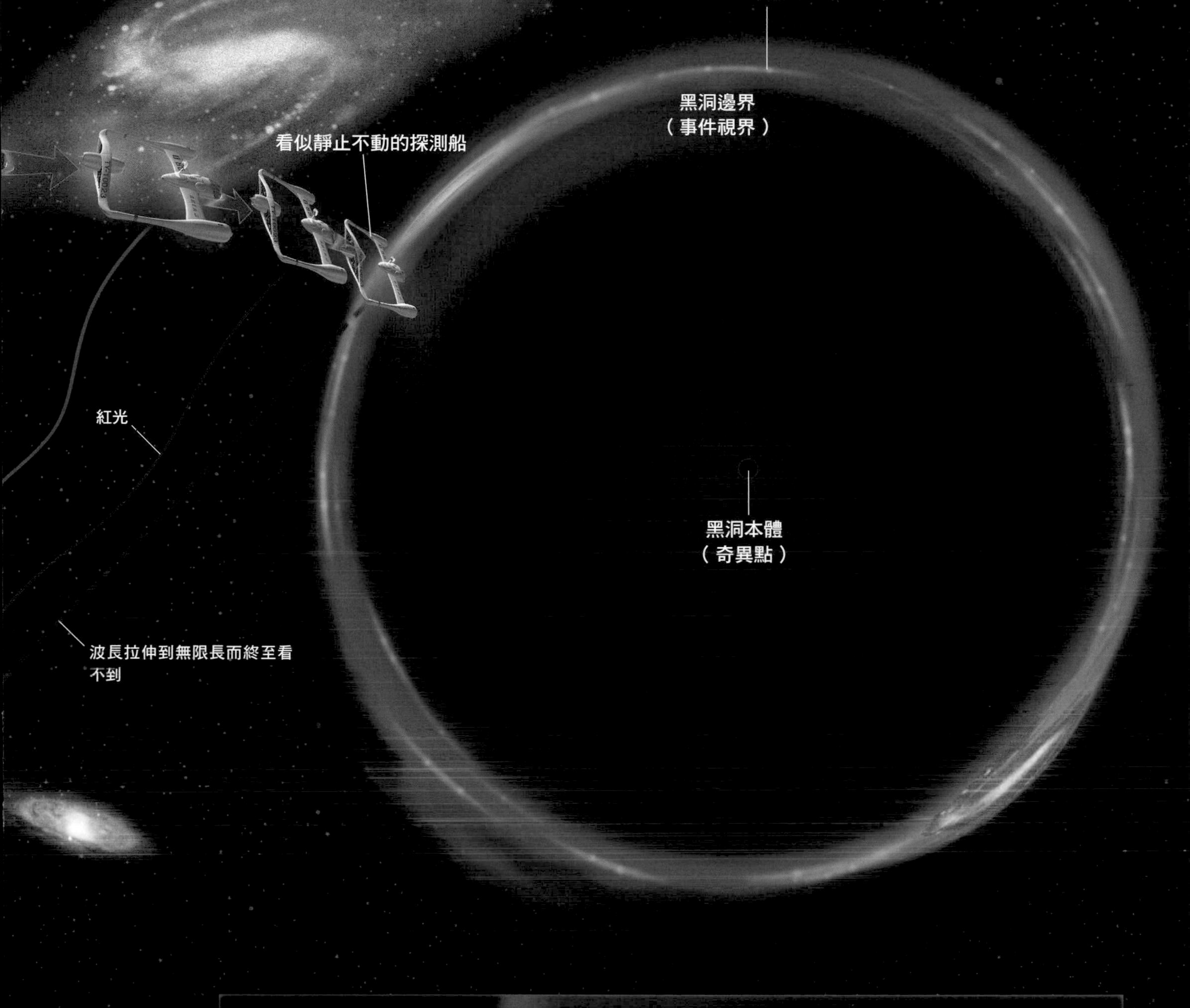

看似靜止不動的探測船

黑洞邊界
(事件視界)

紅光

黑洞本體
(奇異點)

波長拉伸到無限長而終至看不到

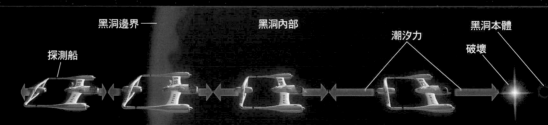

黑洞邊界 ——　　　黑洞內部　　　　潮汐力　　　黑洞本體

探測船　　　　　　　　　　　　　　　　　　　　破壞

順暢進入黑洞的探測船

對探測船而言,自己的時間並沒有變慢,立刻就越過黑洞的邊界面了。越靠近黑洞中心,重力越強,所以探測船的前、後端所承受的重力並不相同,使得探測船受到拉伸方向上的力(潮汐力),可能會在途中承受巨大的潮汐力而潰散。不過黑洞越大,潮汐力就越微弱。如果探測船是前往恆星崩塌而形成的比較小型黑洞(質量超過太陽的20倍左右),那麼在抵達邊界面之前,可能就會受到足夠強大的潮汐力而被摧毀!

密度為 0 的空間翻轉「真空」的意象

這 一節就來探究拿掉空間中的物質和空氣之後,「物質密度為 0」的「真空」神奇特性。

提到真空,或許一般人的腦海都會想到「什麼都沒有的空間」。但是,英國物理學家狄拉克(Paul Adrien Maurice Dirac,1902～1984)依據愛因斯坦的相對論與闡明微觀世界的「量子論」,於 1929 年提出徹底顛覆真空意象的新理論,主張真空填滿了「虛幻電子」。狄拉克稱這種電子為「驢電子」(donkey electron),是具有負能量的電子。正如同人們幾乎不會意識到空氣的存在,填滿空間各個角落的「虛幻電子」也無法被觀測到。「處處皆有」和「處處皆無」其實是一體的兩面,無法加以區別。

狄拉克利用這個真空的意象,預言一種當時尚未發現的基本粒子「正電子」(反電子)的存在,這是一項劃時代的成果。正電子是一種酷似電子的基本粒子,但具有與電子相反的正電荷。狄拉克認為正電子是「真空的洞」。如果從擠滿虛幻電子的地方取出一個虛幻電子,則它的洞能夠像一個粒子一樣四處移動。狄拉克認為對我們而言,應該把這個洞當成一個粒子看待。

雖然現在狄拉克的真空意象已遭到否定,但確實於 1932 年在宇宙線(宇宙傳來的高能量放射線)之中發現了正電子。而真空並非空無一物的這個意象,則在現代物理學中,不斷變換形式而傳承下來。狄拉克提出的真空意象對後來的物理學產生了很大的影響。

關於狄拉克之前的真空意象,將在第 2 章詳細介紹,而關於現代物理學所描述的真空意象,則將在第 4 章再次詳細說明。

狄拉克的真空意象

狄拉克認為真空充滿了看不到的「虛幻電子」(具有負能量的電子),並且主張正電子(反電子)就是「從空間取走虛幻電子後留下的洞」。如同滑塊拼圖遊戲(sliding puzzle,移動取走小塊後留下的空洞以便完成指定圖案的拼圖遊戲)的空洞一般,正電子(洞)能在空間中自由移動,所以我們把它當做「粒子」觀測。這樣的概念也運用在現代物理學中,半導體結晶中「取走電子後留下的空洞」會表現出像粒子一樣的行為,稱為「電洞」(hole)。

具有負能量的電子
(虛幻電子)

消滅的電子和正電子(下)
當電子碰到正電子時,會放出高能量的光(γ 射線)而消滅。如果利用狄拉克的真空意象來說明,則電子和正電子(洞)相遇時,電子會填入洞中,回復原來的負能量狀態,這個能量差便轉換成光的能量而釋放出來。

γ 射線 ——

—— 正電子
(狄拉克的想像)

電子 ——

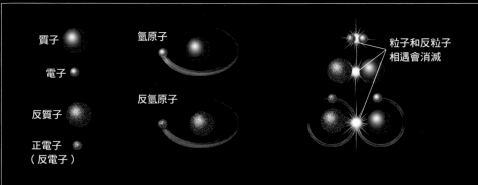

量子論出現之前的真空意象（上）

取走原子等所有物質之後，殘留空無一物的空間。

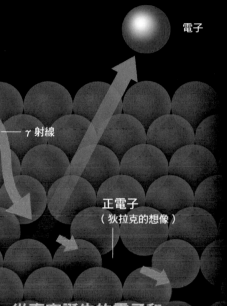

電子

γ 射線

正電子
（狄拉克的想像）

從真空誕生的電子和正電子（上）

把高能量的光（γ射線）射入真空，有些光會轉變成電子和正電子對。如果利用狄拉克的真空意象來說明，則充滿於空間的負能量電子會從光取得能量而呈正能量狀態，轉變成為「普通」的電子。另一方面，取走電子後留下的洞則表現出正電荷粒子（正電子）的行為。

正電子（洞）

依據狄拉克的真空意象，真空充滿了洞。從「無」取走了電子的電荷（－e）之後，由於「0－（－e）＝＋e」，所以正電子（洞）具有正電荷。

粒子和反粒子

物質的最小單位是基本粒子，所有的基本粒子必定有電荷相反的「反粒子」存在。電子的反粒子是正電子，質子的反粒子是反質子。正電子（反電子）和反質子也能構成反氫原子。當粒子和與其成對的反粒子相遇時，會放出能量而消滅。

質子　　氫原子

電子

反質子　　反氫原子

正電子
（反電子）

粒子和反粒子
相遇會消滅

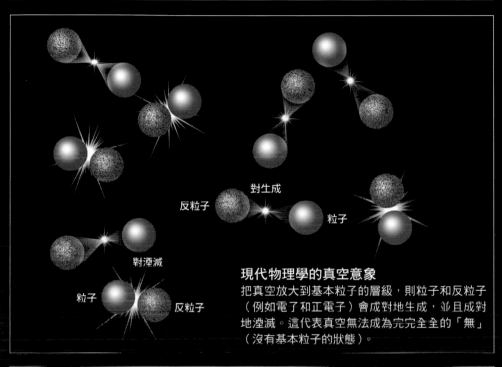

對生成

反粒子　　粒子

對湮滅

粒子　　反粒子

現代物理學的真空意象

把真空放大到基本粒子的層級，則粒子和反粒子（例如電子和正電子）會成對地生成，並且成對地湮滅。這代表真空無法成為完完全全的「無」（沒有基本粒子的狀態）。

支持現代真空意象的證據（右）

以電子（中間大小經誇張呈現的粒子）及其周圍的真空為例。在真空中，電子和正電子會成對地生成，或成對地湮滅。這麼一來，在中央的這個電子附近，剛生成的正電子會受到電力的吸引而靠過來。從遠處看起來，好像是負電荷的電子籠罩著「正電荷之霧」。實際上，我們所觀測到之電子的電荷大小，是扣除「正電荷之霧」電荷後的差值。

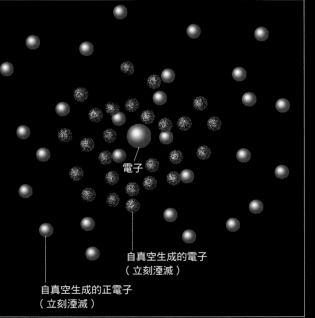

電子

自真空生成的電子
（立刻湮滅）

自真空生成的正電子
（立刻湮滅）

宇宙從既沒有時間
也沒有空間的「無」誕生

「**宇**宙有開端嗎？或者在遙遠的過去就已經存在了呢？」當你仰望夜空的時候，是不是曾經興起過這樣的疑問呢？1982年，美國塔夫大學維連金博士（Alexander Vilenkin，1949～）發表了一篇論文《宇宙從無誕生》（Creation of Universes from Nothing），對這個人類永遠的謎題投下了一顆震撼彈。

維連金博士主張：宇宙是從不僅沒有物質，就連空間甚至時間也都沒有的「無」中所誕生。剛誕生的宇宙遠比原子（10^{-8}公分的程度）及原子核（10^{-12}公分的程度）還要小。這個超微小的宇宙藉由急劇的膨脹，成長為現今我們居住的廣袤規模。

維連金博士的這個想法，是從「基本粒子自真空生成」這件事

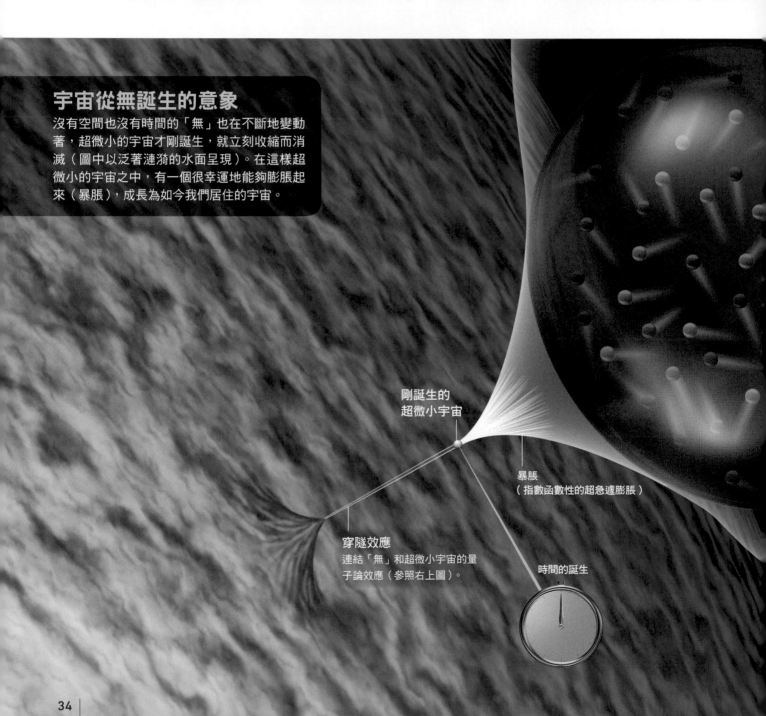

宇宙從無誕生的意象

沒有空間也沒有時間的「無」也在不斷地變動著，超微小的宇宙才剛誕生，就立刻收縮而消滅（圖中以泛著漣漪的水面呈現）。在這樣超微小的宇宙之中，有一個很幸運地能夠膨脹起來（暴脹），成長為如今我們居住的宇宙。

剛誕生的
超微小宇宙

暴脹
（指數函數性的超急遽膨脹）

穿隧效應
連結「無」和超微小宇宙的量子論效應（參照右上圖）。

時間的誕生

得到靈感（參照前頁圖示）。根據量子論，即使是真空也不會一直保持「什麼都沒有」的狀態。同樣地，就連空間也沒有的「無」，也不會一直都保持這樣的狀態。

宇宙誕生之際，不只誕生了空間，也誕生了時間。不過，誕生時間究竟是什麼意思呢？自古以來，人們都認為：「時間不受任何事物的影響，始終如一地行進。」但在談到黑洞的時候，發現這是一個錯誤的觀念。

前日本東京大學專任講師和田純夫博士表示：「相對論認為時間和空間是一體的東西，將之稱為時空。例如，在平面上某個方向為縱，另一個方向為橫。但在時空中，則其中一個方向為時間，另外3個方向為空間。如果沒有時空，就無法思考時間這個東西。」維連金博士所說的「無」，是指連時空也沒有的狀態。因此，不只是沒有空間，就連時間也沒有。在宇宙誕生之後，亦即時空誕生之後，才開始有時間。

令古人深深苦惱的「0」，從單純的符號進一步成為可供運算的數之後，促使數學有了重大的進展。如今，以「0」為主題的思考之旅，終於來到了宇宙誕生之謎。宇宙從無誕生的劇本，將在第5章再次詳細介紹。　◐

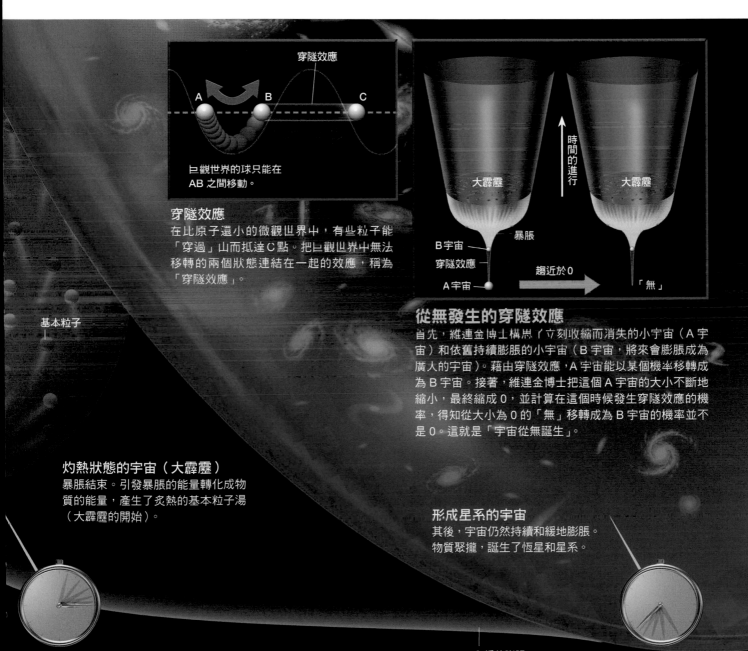

穿隧效應

巨觀世界的球只能在 AB 之間移動。

穿隧效應
在比原子還小的微觀世界中，有些粒子能「穿過」山而抵達C點。把巨觀世界中無法移轉的兩個狀態連結在一起的效應，稱為「穿隧效應」。

基本粒子

時間的進行

大霹靂　　大霹靂

B宇宙　暴脹
穿隧效應
A宇宙　趨近於0　「無」

從無發生的穿隧效應
首先，維連金博士構思了立刻收縮而消失的小宇宙（A宇宙）和依舊持續膨脹的小宇宙（B宇宙，將來會膨脹成為廣大的宇宙）。藉由穿隧效應，A宇宙能以某個機率移轉成為B宇宙。接著，維連金博士把這個A宇宙的大小不斷地縮小，最終縮成0，並計算在這個時候發生穿隧效應的機率，得知從大小為0的「無」移轉成為B宇宙的機率並不是0。這就是「宇宙從無誕生」。

灼熱狀態的宇宙（大霹靂）
暴脹結束。引發暴脹的能量轉化成物質的能量，產生了炎熱的基本粒子湯（大霹靂的開始）。

形成星系的宇宙
其後，宇宙仍然持續和緩地膨脹。物質聚攏，誕生了恆星和星系。

和緩的膨脹

身邊的「真空」世界

談到什麼都沒有的狀態，很多人會立刻聯想到沒有空氣的「真空」。在思考「無」的時候，確實不能無視真空的存在。但事實上，出乎意料地，真空就默默地圍繞在我們身邊。在第2章，將探討如此貼近你我的真空，究竟具有什麼樣的神奇性質與現象。在本章的最後，也將詳細介紹與真空互為一體兩面的「原子」是如何得以證實它的存在。

協助　末次祐介／江澤 洋

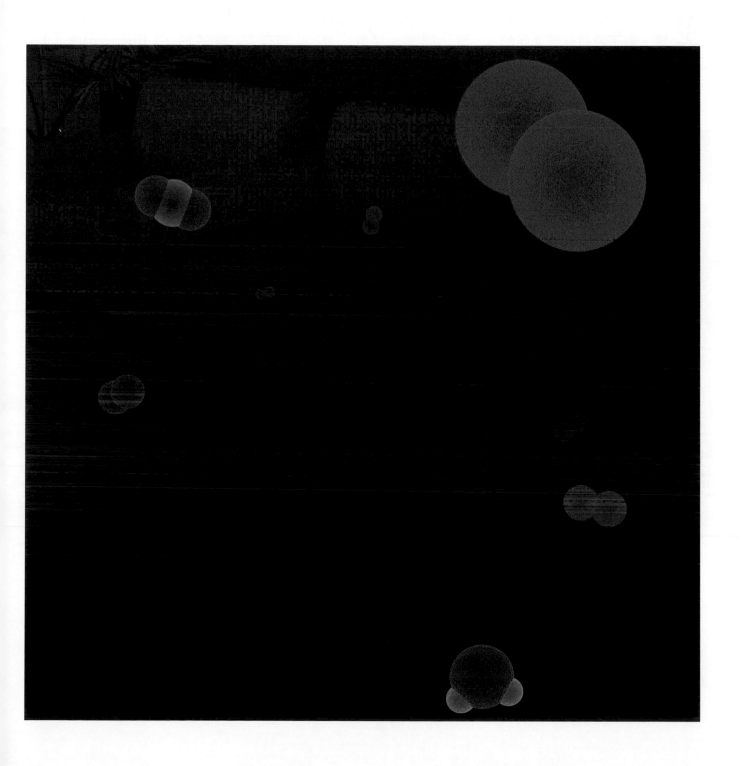

「真空」實際存在嗎！？
古希臘的大論戰

在 距今2400年前的古希臘，為了沒有任何東西的空間，即所謂「真空」是否存在，掀起了一場激烈的大論戰。

在西元前5世紀前後的古希臘，第一個深入探討「無」（非存在）的哲學家，據說是巴門尼德（Parmenides，約前515～約前

445）。巴門尼德主張，世上並不存在「空無一物」（非存在、無）這種狀態。

另一方面，倡議「原子論」的德謨克利特（Demokritos，約前460～約前370）和他的老師留基伯（Leucippus，約前470～？）則承認真空（虛空）的存在。德謨克利特等人主張，

環繞著虛空是否存在的爭論

德謨克利特主張物質是由「原子」構成，而原子是在虛空之中運動（左）。另一方面，亞里士多德則認為萬物都是由「火」、「水」、「土」、「空氣」構成，否定虛空的存在（右）。他更認為，天界（宇宙）充滿了稱為乙太（ether）的第五元素。

德謨克利特的想法

天體飄浮在
虛空的空間

原子在「虛空」
之中運動

物質由原子構成

所有的物質都是由不可繼續分割的粒子「原子」（atomoi）所構成。有鑒於此，故需要「虛空」（Kenon），亦即空無一物的空間，做為這些原子活動的舞台。原子在這個虛空裡面或密集或分散地存在。但是，在當時那個年代，還未能確認原子是否存在，所以也沒有決定性的證據，足以確認真空的存在。

人們逐漸確信「大自然不喜歡真空」

之後登場的，是文明史上赫赫有名的古希臘哲學家亞里士多德（Aristotélēs，前384～前322）。亞里士多德認為，這個宇宙的大小是有限的，所有的場域都充斥著肉眼看不到的物質，空無一物的空間並不存在。

亞里士多德表示「自然界不喜歡真空」，否定德謨克利特等人提出的原子論，也否定原子散布於虛空的想法。而亞里士多德對真空的這個概念，在其後長達2000年期間，逐漸為人接受且深信不疑。

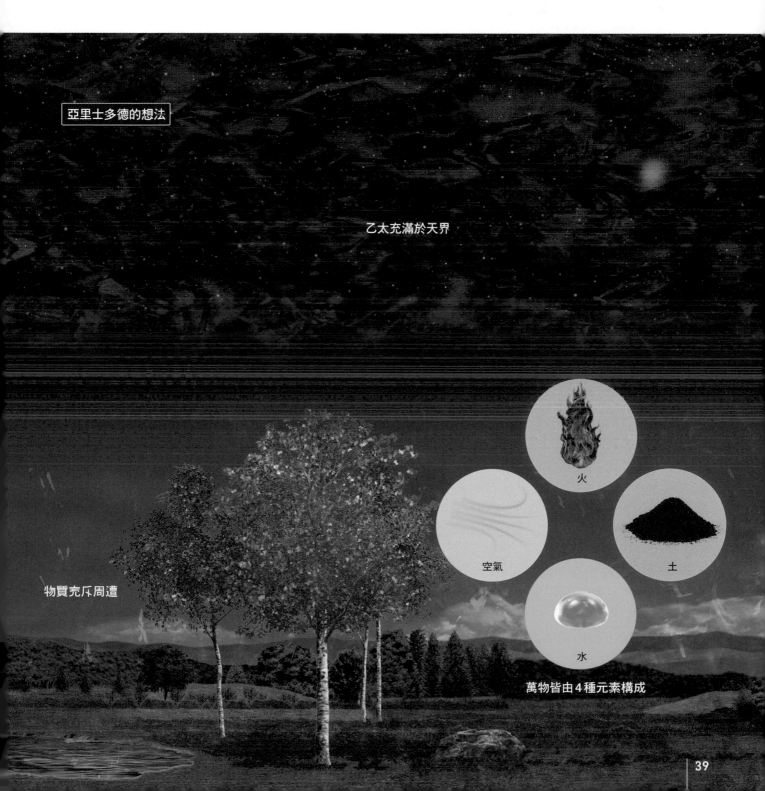

亞里士多德的想法

乙太充滿於天界

物質充斥周遭

火

空氣

土

水

萬物皆由4種元素構成

17世紀的實驗證明真空能被製造出來

進入17世紀之後，終於出現了一位能用實驗證明真空確實存在的人物，他就是義大利物理學家托里切利（Evangelista Torricelli，1608～1647）。

當時已經有幫浦，能抽掉管子裡的空氣以便將井底的水吸上來。人們認為，如果把管子裡的空氣抽掉，由於「自然界不喜歡真空」，所以會將水吸上來以免形成真空。另一方面，當時也已經認知到，一旦深度超過大約10公尺，便會由於某種未知的原因而無法把水吸上來。

藉由水銀實驗製造出真空

揭曉這個謎底的人就是托里切利。他認為並不是為了避免形成真空才將水吸上來，而是大氣的重量把井裡的水面往下壓，將管子裡的水推上來。而且他也認為，大氣施加於水面之力，只能把水往上推升到10公尺左右的高度。

托里切利為了證明這個想法，在1643年使用重量約為水14倍的水銀（密度較大）進行實驗。他把一端封閉的玻璃管注滿水銀，使空氣不會進入管子裡，然後把玻璃管的開口端插入一個裝著水銀的容器中。這麼一來，玻璃管內的水銀液面便降到距離容器液面約76公分處。換算成水，則相當於10公尺左右的高度。藉此，在玻璃管上端製造出的空洞間隙，也就是真空。托里切利因此證明這個想法正確，也表示真空確實存在。

德國科學家格里克（Otto von Guericke，1602～1686）在獲知托里切利的實驗之後，於1654年進行了一項十分有趣的實驗。他製造一個可拆開、乃由兩個直徑約40公分的銅製半球拼合而成的球體，並使用幫浦把球體裡的空氣抽掉。然後，各用8匹馬分別朝反方向猛拉，結果，由於大氣壓力使這兩個半球緊密地貼合，終至無法將它們分開。就這樣，人們逐漸接受了真空的存在。

證明真空確實存在的實驗

圖示為托里切利使用水銀所進行的實驗（右），以及格里克使用銅製半球進行「馬格德堡半球實驗」（下）的場景。托里切利的水銀柱實驗首度證實真空的存在。

大氣壓

銅製半球

馬格德堡半球實驗

格里克打造了兩個銅製半球，把它們拼合成一個球體，不用螺絲釘等零件，只是把球體裡面的空氣抽掉，就能使這兩個半球緊密地貼合。這是因為球體外的大氣壓把兩半球壓住之故。格里克分別用8匹馬，把兩個半球朝相反的方向奮力拉動，仍然無法把它們分開。由於格里克長年擔任德國馬格德堡市長，遂將這項實驗稱為「馬格德堡半球實驗」。

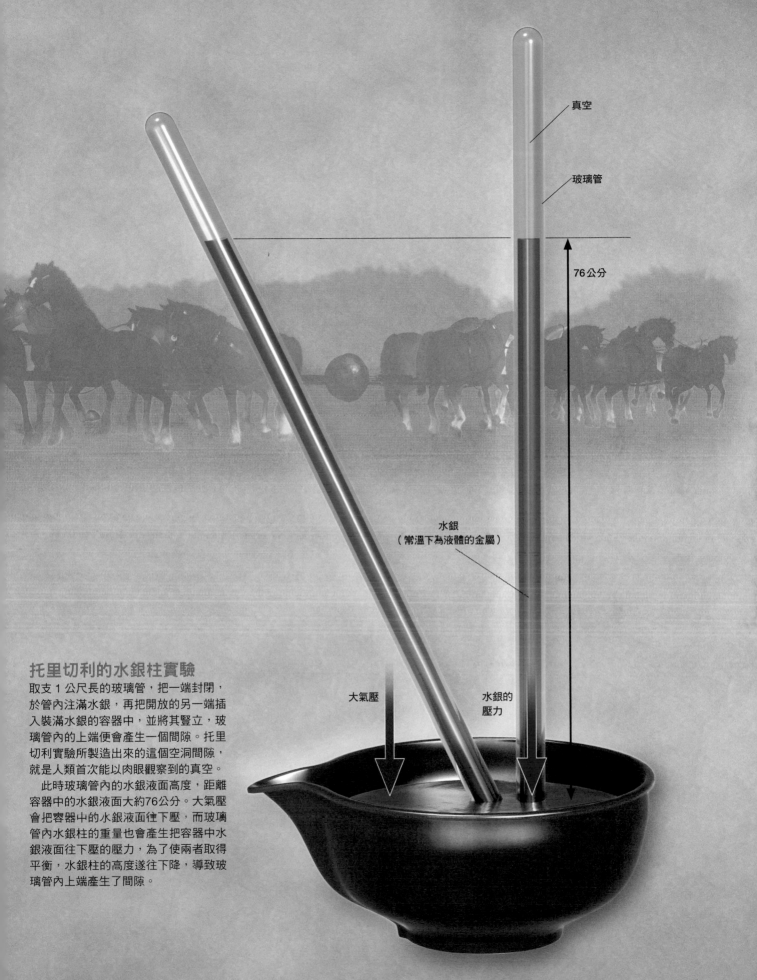

真空

玻璃管

76公分

水銀
（常溫下為液體的金屬）

大氣壓

水銀的
壓力

托里切利的水銀柱實驗

取支 1 公尺長的玻璃管，把一端封閉，於管內注滿水銀，再把開放的另一端插入裝滿水銀的容器中，並將其豎立，玻璃管內的上端便會產生一個間隙。托里切利實驗所製造出來的這個空洞間隙，就是人類首次能以肉眼觀察到的真空。

　此時玻璃管內的水銀液面高度，距離容器中的水銀液面大約76公分。大氣壓會把容器中的水銀液面往下壓，而玻璃管內水銀柱的重量也會產生把容器中水銀液面往下壓的壓力，為了使兩者取得平衡，水銀柱的高度遂往下降，導致玻璃管內上端產生了間隙。

製造出10兆分之1大氣壓的超高度真空！

真空的存在終於獲致證明。但是，托里切利和格里克在實驗中所製造的真空，並不能說完全符合「完全空無一物」這個定義。因為，在托里切利的玻璃管內還留存著大約100萬分之1大氣壓的水銀蒸氣，而在格里克的球體裡，也還殘留著少許的空氣。

高度真空的製造技術，到了1800年代後期才逐漸發展起來。現在能製造出最高度真空的機器，是偵測物質生成等等基本粒子實驗所使用的「加速器」。例如，日本高能加速器研究機構於2019年開始正式運作的加速器「SuperKEKB」（茨城縣筑波市），竟然製造出10兆分之1大氣壓的「超高度真空」！

伺機而動捕捉分子

SuperKEKB是在配置成環狀，1圈約3公里長的射束管中，使電子與正電子（帶正電荷的粒子，乃電子的反粒子）的集團朝相反方向繞轉，再令它們發生碰撞，以便觀察基本粒子的動態。如果在射束管裡有額外的氣體，則電子和正電子會撞上氣體分子而損耗掉，因此射束管裡必須做成真空。

要製造真空，一般是使用幫浦等裝置把容器內的氣體壓送出去。但是，當氣壓降到非常低的時候，會越來越難使氣體順暢流動，而無法把容器裡殘存的少許空氣壓送出去。

因此若想要製造高度的真空，必須使用吸氣劑泵（getter pump）之類的裝置，把極容易與氣體分子發生反應的鈦等金屬製成板子，配置在射束管裡，萬一有額外的氣體飄散過來，就會吸附在板子上，將其捕捉。藉由這種裝置，徐徐地把容器內部的分子清除，便能製造出更高度的真空。

氣體分子飛出來

圖示為SuperKEKB射束管內部的場景。為了使射束管的內部保持10兆分之1大氣壓的「超高度真空」，內部配置了由反應性極高的鈦等金屬製成的吸氣劑泵（右）。

此外，在電子及正電子飛行的射束管區段，內側表面會附著許多分子和原子。若想要製造出超高度的真空，便不能忽視這些從表面散逸出來的分子和原子。

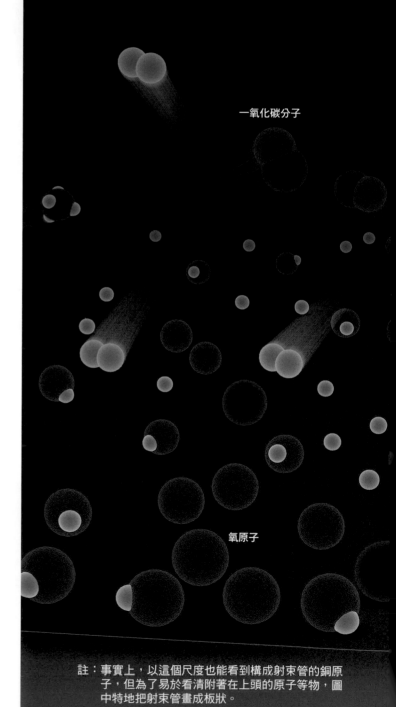

一氧化碳分子

氧原子

註：事實上，以這個尺度也能看到構成射束管的銅原子，但為了易於看清附著在上頭的原子等物，圖中特地把射束管畫成板狀。

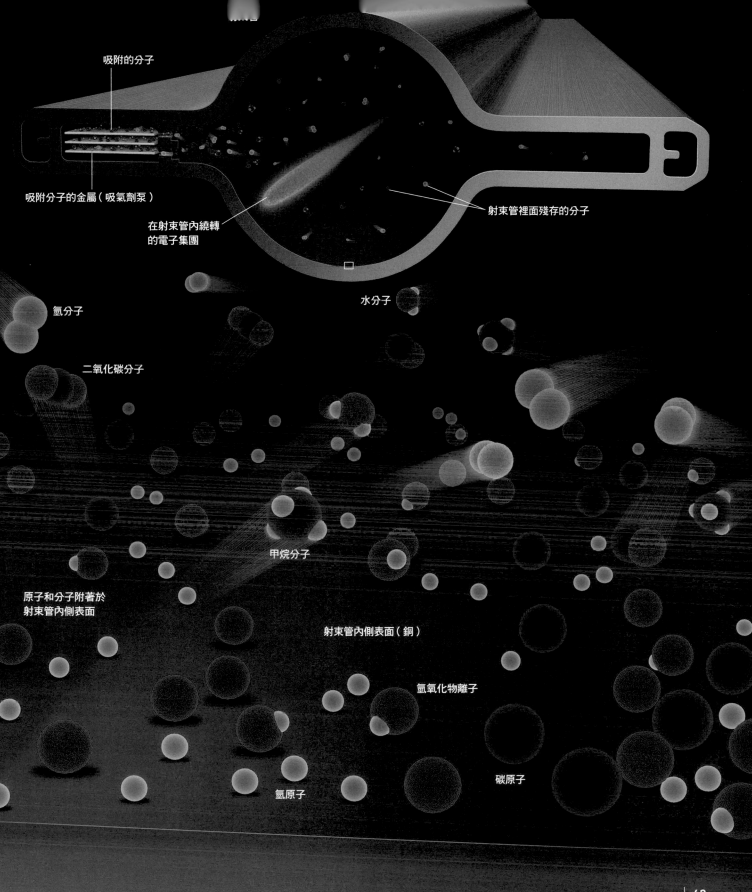

吸附的分子

吸附分子的金屬（吸氣劑泵）

在射束管內繞轉的電子集團

射束管裡面殘存的分子

水分子

氫分子

二氧化碳分子

甲烷分子

原子和分子附著於射束管內側表面

射束管內側表面（銅）

氫氧化物離子

碳原子

氫原子

即便是眼前的空氣，分子之間也是「無」！

聽到真空，或許會覺得那與我們日常生活扯不上關係！但事實上，「真空」在你我周遭無處不在。這是怎麼回事呢？其發想就在於，倡議原子論的德謨克利特所構思的那個「虛空」。

在德謨克利特提出其倡議的那個時代，還不能確認構成物質之原子及分子的存在。從19世紀末到20世紀初，人們才終於明白所有的物質都是由原子構成、結合而成為分子等等。

房間裡的空氣出乎意料地稀疏

讓我們以房間裡的空氣（1大氣壓，20℃）來思考。空氣的主要成分是氮和氧。氮分子和氧分子非常小，其尺寸只有0.35奈米（1奈米為10億分之1公尺）左右而已。這些微小分子在1立方公分的空間裡，數量有$2.5×10^{19}$個（2500兆個的1萬倍）之多。

雖然氣體分子的數量如此龐大，但是分子之間仍然有著極大的間距。這個平均距離為數奈米左右，是分子本身大小的10倍左右。就「沒有物質」這個意義上來說，可以將分子之間的空間稱為真空。

而且，空氣分子所占的體積只有其他部分（亦即真空）體積的1000分之1左右。因此，如果有人說：「空氣其實相當稀疏，它和真空沒有什麼兩樣。」也並非言過其實。

依照這樣的觀點，即使德謨克利特所處的時代非常久遠了，但他所構思的虛空，也算是個有些道理的想法。

分子之間的分布呈現真空狀態

以分子的層次來觀察房間裡的空氣，可以看到無數個氮分子和氧分子四處飛揚。但是，在這些分子之間的空間裡，什麼東西也沒有。也就是說，這些地方可以算是真空。什麼都沒有的空間之體積，比起分子所占有的體積，遠遠大上許多，因此也可以說，我們被「真空」包圍著。

氮分子

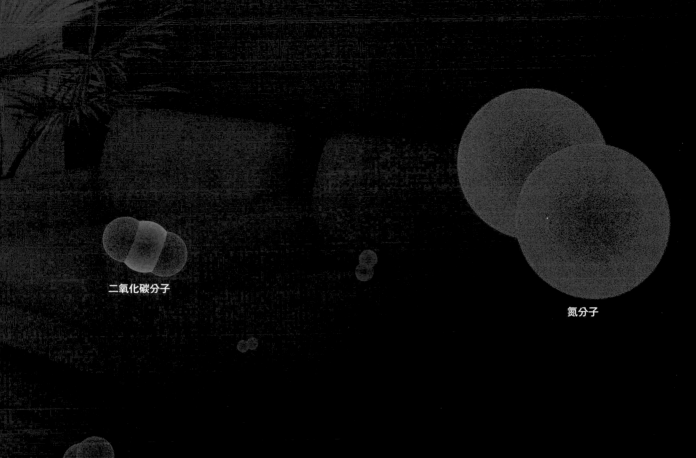

二氧化碳分子

氮分子

氧分子

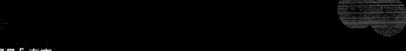

分子之間是「真空」

水分子

原子內也是空無一物。世界中大部分都是「無」!

不只分子之間是稀疏空蕩的狀態,就連原子本身也能發現其中有「無」的空間存在。我們來觀察氫原子內部的模樣吧!氫原子由原子核(質子)和電子構成,電子在原子核的周圍繞轉。話雖如此,但原子核和電子之間是個什麼東西都沒有的「無」之空間,也就是真空。

原子核的直徑只有整個原子的10萬分之1

那麼,原子核和電子之間的真空,它的「範圍」究竟有多大呢?如果以原子核與在其周圍繞轉的電子之間的距離做為原子的半徑,則氫原子的大小(直徑)為0.1奈米左右。而位於中心的原子核(質子)直徑,只有它的10萬分之1。如果換算成體積,則原子核在原子之中所占的比例只有整體的1000兆分之1。

另外,可以將電子的大小視為0。由此可知,不僅分子間的空間,就連原子構造本身,其內部也可以說幾近空無一物。

這樣的情況,對氫原子以外的原子而言也幾乎一模一樣。因為所有的物質都是由原子構成,所以空氣也好,液體的水也罷,甚至固體的冰和鐵等物質,實際上都可以說與「無」沒有多大的差別。

假設原子核有如足球一樣大……

圖中所示是為了實際感受氫原子內空蕩虛無狀態而繪的例子。位於氫原子中心的原子核(質子)與在原子核周圍繞轉的電子之間距,約為原子核直徑的10萬倍。如果把原子核放大到有如足球(直徑20公分)一樣大,則大致上來說,電子繞轉的高度即相當於噴射機飛行的高度(約10公里)。原子核和電子之間什麼東西也沒有,因此可以說原子的內部幾近空無一物。

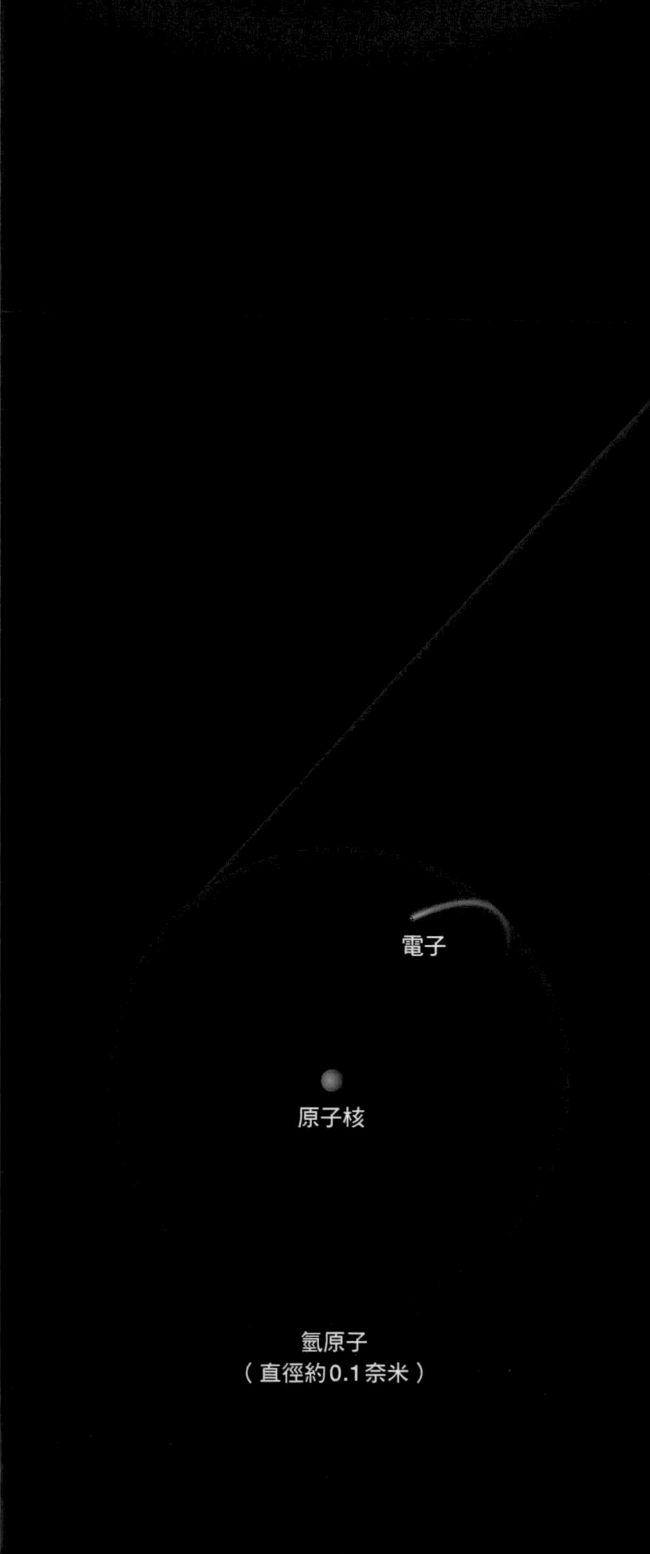

電子

原子核

氫原子
(直徑約0.1奈米)

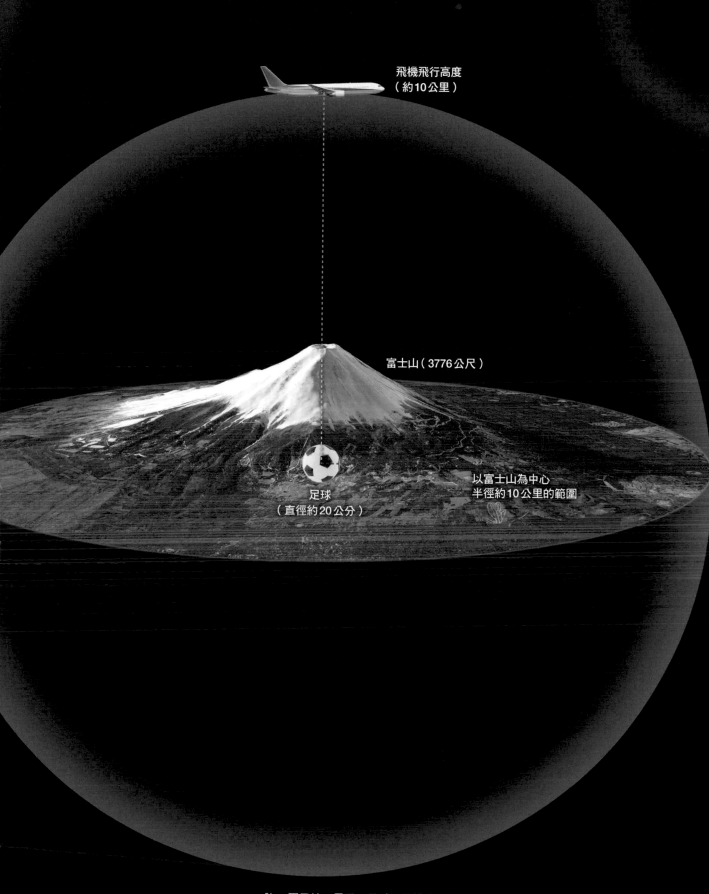

飛機飛行高度
（約10公里）

富士山（3776公尺）

足球
（直徑約20公分）

以富士山為中心
半徑約10公里的範圍

註：原子核、電子、足球、飛機大小稍有誇張呈現。

幽靈粒子指出物質趨近於「無」

有一種如幽靈般非常輕（質量非常小）的基本粒子，稱為「微中子」（neutrino）。即使是建築物、地球等任何東西，微中子都能夠輕而易舉地穿透過去。為什麼會發生這樣的事情呢？

微中子的大小和電子一樣可以視為 0。而且，由於它是電中性，所以不會受到帶電的電子及原子核所發出的電力吸引或排斥。因此，微中子能夠不費吹灰之力地穿透原子。

無數的微中子正穿透你我身體

事實上，我們周圍也有大量的微中子在四處飛舞。目前已知其中有些來自太陽，有些則來自無際的宇宙遠方。此刻當下，也有大量的微中子正穿透你所閱讀的這本書，以及你的身體。地球上的每 1 平方公分、每 1 秒鐘，都有多達660億個從太陽飛馳而來的微中子正穿透過去。

由此看來，我們周遭的物質似乎可以說是趨近於「無」，但日常生活中並不會發生手可以插進牆壁裡這種事情。這是因為牆壁表面的電子和手掌表面的電子會因為電力而相斥等緣故。電力即使在隔空一段距離，也能發揮作用。因此，儘管物質幾近於「無」，我們卻不會察覺到這一點。

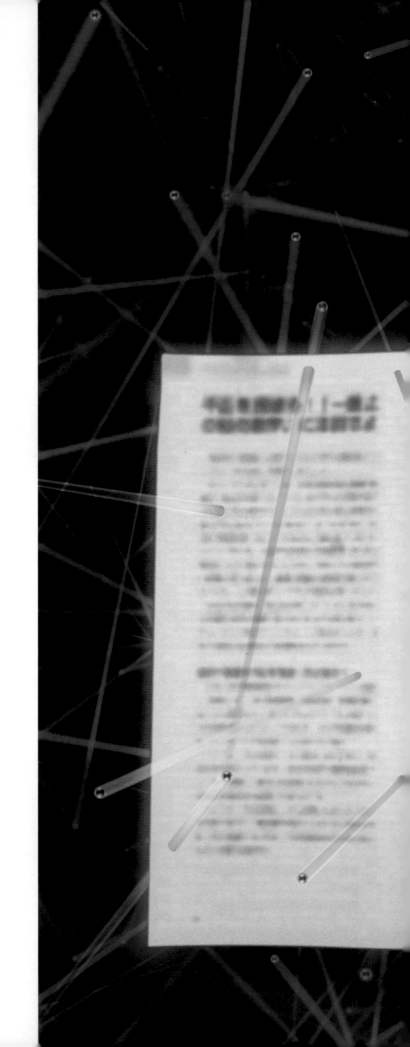

※：說得更詳細一點，微中子只會承受「弱力」的作用。弱力是一種只有在基本粒子這樣的微觀世界中才會顯現的力，且只有在基本粒子彼此接近到極近距離（10的負18次方公尺的程度）時才會發揮作用。因此，微中子在絕大多數情況下都能穿透原子，幾乎不會撞上原子中的電子及夸克。

微中子會穿透「空無一物」的原子

雖然我們平常不會察覺到，但事實上，地球上隨時隨地都有無數個微中子造訪。這些微中子幾乎不會和原子發生碰撞，甚至你我的身體或地球都能暢行無阻地穿透過去。這件事告訴我們，我們周遭的物質（原子）其實是幾近「空無一物」的狀態。

微中子

電子雲

原子裡的「一個電子」有如雲霧般散布著

截至目前為止，我們都把原子和電子等物質當成一個非常微小的粒子來看待。但是，闡述這類微觀粒子動態的「量子論」（量子力學），卻認為原子和電子等微觀粒子具有不僅是粒子的神奇性質。那麼，這個所謂的神奇性質，究竟是什麼樣的性質呢？

電子在被觀測之前，乃同時存在於各個地方

我們來看看原子裡面的電子。根據量子論，微觀的電子是在被觀測時才能確定它在原子裡的位置。換句話說，電子在被觀測之前，並無法確定它存在於原子裡的什麼地方，一個電子會同時存在於其中各個地方。

右圖的左半側，把觀測之前的電子狀態描繪成雲霧般，充滿於原子內部。但是，一旦進行觀測，就只會在空間的某個點偵測到電子（圖右半側）。

這種不可思議的性質，完全背離了我們的常識，或許很難理解，但秉持這種概念的量子論，卻能夠圓滿地說明微觀世界發生的各種現象。量子論的概念，將在接下去的第 3 章做詳細的介紹。

或許有人會認為，既然電子散布於原子裡，那個地方就不符合「沒有任何東西」這個意義的真空。事實上，如果深入探討量子論等物理學，將會逐漸發現空無一物的「無」竟然具有不可思議的性質。在第 4 章，將會對真空做一步的探索。

散布在原子裡的電子「雲」

根據量子論，電子這種微觀粒子在經觀測之前，並無法確定位於原子裡的哪個位置。電子雖然是「一個電子」，但會同時存在於原子核周圍的各個地方。本圖根據這樣的意象，把電子描繪成雲霧狀（圖左側）。另一方面，一旦進行觀測，就只會在某一個點發現電子，因此，似乎可以說，原子裡仍然幾近空無一物（圖右側）。

充滿於原子內的
電子「雲」

量子論所述觀測前
之原子意象

電子

原子核

觀測後之
原子意象

為什麼可以說「原子存在」?

2000年來的假說是如何獲得證實的?

事實上,「萬物皆由原子所構成」這樣的常識,卻在僅僅約100年前,才為大多數科學家所接受。把物質不斷地細細分解下去,最後會成為什麼東西呢?物質究竟是由什麼東西構成的呢?科學家針對這些疑問,極盡所能地提出各種假說,再進行實驗加以證明。長久以來,為什麼原子的存在始終無法獲得證實呢?再者,證實的關鍵線索又是什麼呢?

協助 江澤 洋
日本學習院大學名譽教授

⊙ 科學家針對「原子的存在」所提出的想法和說法

德謨克利特
(約前460〜約前370)
主張有「無法再繼續分割的粒子」,亦即「原子」的存在。此外,他也主張原子運動的空間為「虛空」。

牛頓
(1642〜1727)
他寫下「自然界中存在著某種原因,使得物質的微粒子被非常強的引力緊密結合在一起。找出這個原因是實驗哲學的一項任務。」

道爾頓
(1766〜1844)
檢視各式各樣的化學反應,主張化學反應是藉由切斷或連結原子的鍵結而發生。

波茲曼
(1844〜1906)
主張熱就是分子的運動,建立了描述分子運動的「統計力學」,為處理巨觀能量授受的「熱力學」奠定基礎。與反對原子論的馬赫(參照下方)發生激烈的爭論。

「原子不存在」　　　　　　　　　　　　　　　　　　　　　「原子存在」

亞里士多德
(前384〜前322)
主張「自然界不喜歡虛空」,否定原子散布於什麼都沒有的空間(虛空)裡的想法。此外,還提出「萬物皆由空氣、水、土、火構成」的說法。這個想法到17世紀之前,人們普遍確信無疑。

笛卡兒
(1596〜1650)
在想像之中,物質能夠無限地分割下去。如果有無法分割的粒子存在,便會產生矛盾,因此否定原子的存在。

馬赫
(1838〜1916)
據說他對假定原子存在的科學家質問:「你曾經見過原子嗎?」他站在「經驗主義」的立場,主張科學不應該處理無法知覺的東西,因而批判原子論。

在此把科學家關於「原子論」(萬物皆由原子所構成的想法)的言論依年表予以彙整。上半欄為相信原子論的人,下半欄則為反對原子論者。藉由科學家提出各種不同的假說,再進行各種實驗來驗證,逐漸累積原子相關知識。

在至少2000年以前,希臘的哲學家就已經針對原子論有過激烈的爭論。據稱,直到愛因斯坦對布朗運動(Brownian motion)提出假說,並由法國科學家佩蘭(Jean Baptiste Perrin,1870〜1942)進行精密實驗加以證實之後(請看第56〜57頁解說),才讓大多數科學家接受原子的存在。

1965年諾貝爾物理學獎得主費曼（Richard Phillips Feynman，1918～1988，一譯費因曼）曾經寫下這段文字：「如果因為發生重大變故而喪失所有的科學知識，只能留下一句話傳承給未來的生物，那麼要以最少字數傳達最大訊息量的句子會是什麼呢？那就是『萬物皆由原子所構成』[1]。」

時至今日，你或許會認為「『物質皆由原子所構成』本來就是理所當然的」。的確，現在已經能夠把一個個原子具體圖像化了。學校裡也早就習慣教科書開宗明義地講述原子存在這件事。所以，你可能會懷疑如果只能留下一句話，為什麼不是描述更尖端的科學相關內容呢？

但事實上，大多數科學家接受原子的存在，只不過是約100年前的事而已。而且，達到這個結論的過程相當曲折複雜。在至少長達2000年的時間，科學家對於「物質不斷地分割下去會變成什麼」、「物質究竟是由什麼東西所構成」這些問題始終激辯不休。以化學、力學、熱力學等各個領域的學問為舞台，絞盡腦汁提出各種假說，進行實驗來佐證，若發現錯誤就再提出新的假說，再實驗以驗證，如此一再反覆。在這個過程中，同時也獲得了龐大的科學知識。

回溯與原子相關的三項實驗

當許多科學家認同原子雖然無法以肉眼看見，但確實存在的時候，並沒辦法像現在這樣能把原子圖像化。那麼，科學家如何以科學認定原子存在的事實呢？讓我們從長達2000年的論戰當中，挑出三項重要的實驗和辯論來探討一下[2]！

從現在開始，我們把「原子存在」這個常識暫時拋諸腦後，試著化身為200年前或300年前的科學家，一起加入他們的辯論！例如，你會不會接受以下的說明，而相信「原子確實存在」呢？

第一則說明
氣體的化學反應

「在充滿氧和氫的地方點燃火花，就會產生水。把這個水加熱，使它變成水蒸氣。測量這項反應所使用的氧和氫，及其產生的水蒸氣體積後，得知在相同溫度和相同壓力下，總是成為『2：1：2』的關係。之所以會成立這樣的體積比例，必定有某個法則存在。如果把氣體想成是由無數個『分子』所構成，便能理解這件事。分子是由無法再繼續分割下去的粒子——『原子』結合而成的東西。如上圖所示，當2個氫分子與1個氧分子發生反應時，便會產生2個水分子。所以，體積的比例會成為2：1：2」。

上面的說明，是以原子結合來解釋氣體的化學反應。並且假設，如果溫度及氣壓等環境條件相同，則不論是哪一種物質，其分子個數和體積的比例都會固定不變。這麼一來，依據「產生的氣體和原料的氣體體積比例」這種巨觀資訊，便可得知「若要製

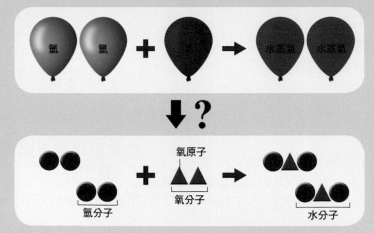

可以依據「體積的比例關係」而說原子確實存在嗎？

在充滿氫和氧的空間中放電產生火花，會發生化學反應而產生水。如果水化為水蒸氣，在相同溫度、相同壓力下，比較氫、氧、水蒸氣等氣體的體積，則具有「2：1：2」的規律性（上段）。這個事實可以假設為，2個氫原子結合成1個氫分子、2個氧原子結合成1個氧分子、2個氫原子和1個氧原子結合成1個水分子（下段）。但是，單憑這樣的事實，還不足以證明「原子的存在」。此乃植基於不論是什麼物質，其分子數量和體積的比例全都固定的假設。

※1：取材自《費曼物理學講義1 力學》（費曼著，岩波書店）。在不改變旨趣的範圍內以不同方式呈現。

※2：關於科學家如何改寫假說，在《有誰看過原子》（江澤洋著，岩波現代文庫）書中有詳細的介紹。

造 1 個水分子需要多少原料，也就是需要多少氫分子和氧分子」這種微觀資訊。

對第一則說明持反對論點的思考

乍看之下，上述說明好像很有道理，但應該也會有人覺得哪裡不太對勁！

從這項實驗得知的事實，只有「比例」而已。雖然可以認為確實有分子存在，並且發生了結合的變化，但應該沒有特別的理由非得這麼認為不可。就算真的有分子存在，也沒有任何根據可以證明分子個數和體積的比例為一定吧？

如前頁上方的圖片所示，氧分子和氫分子都是分別由 2 個原子結合成 1 個分子，而水分子是由 1 個氧原子和 2 個氫原子結合而成。但是，也可以認為氧分子和氫分子都是分別由 4 個原子結合成為 1 個分子，因為，只要假設水分子是由 2 個氧原子和 4 個氫原子結合而成，則其分子數的比例也會相同。

此外，1 公升氣體含有多少個氣體分子，並無法從這項實驗得知。可以假設有 1 萬個，也可以假設有 1 億個。實驗的結果並不足以確定分子的具體數量及重量。因此有人認為，依據分子來解釋雖然是「方便的想法」，但卻不能「證明分子存在」。

也有科學家不相信原子的存在

這個例子是以法國化學家給呂薩克（Joseph Gay-Lussac，1778～1850）發現「氣體反應定律」的18至19世紀期間的論戰為基礎。這個時期，對於正確測量各種物質的化學反應前後的質量及氣體體積的方法，日漸普及與精進，使科學家更積極投入檢測化學反應的比例關係。例如，瑞典化學家貝吉里斯（Jöns Jacob Berzelius，1779～1848）就確定了許多物質的原子質量比。

隨著各種比例關係陸續為人發現，越來越多科學家相信原子存在。但另一方面，也有一些謹慎的科學家仍然覺得原子論只不過

是「方便的想法」。他們認為，科學應該只限於眼睛看得到，且能藉由測定獲致驗證的範圍內。

如果第一則說明正確的話，那麼不論是哪一種氣體，某個體積中所含的分子個數都固定。現在，於 1 大氣壓、0℃的條件下，22.4公升氣體所含的分子個數稱為「亞佛加厥常數」（Avogadro constant）[3]。如果知道了亞佛加厥常數，便能得知「2 公升氧」所含的氧分子個數，也就能從其重量求算一個分子的重量。但是，有很長一段時間，始終無法驗證亞佛加厥常數是否正確。

第二則說明 氣體的壓力與體積

接著請看看以下的描述，能不能說明「有原子存在」？

「把氣體灌入裝有活塞的容器內，如果在活塞上放置砝碼，則活塞會停在20公分的高度[4]；如果把砝碼的數量加倍，則活塞會停在10公分的高度。意即施加於活塞的力和氣體的體積具有反比的關係。如果假定氣體是由原子所構成，即可解釋這件事。因為原子正在做高速運動，不停地撞擊容器壁面。活塞停留的位置，表示砝碼下壓活塞之力和原子撞擊活塞所產生的向上推力達到平衡。把砝碼增加為 2 倍，則活塞的高度會減少為一半，這是因為如果原子移動的距離縮短為一半，則每秒鐘原子撞擊的次數會增加為 2 倍，從而和活塞增加的

※3：由原子論學者義大利化學家亞佛加厥提出的常數。現在的定義為「質量數12的碳12克所含的碳原子個數」。

※4：假設不考慮大氣壓的影響。

⊙ 對氣體施加壓力則其體積縮小！ 為什麼會有「反比」關係？

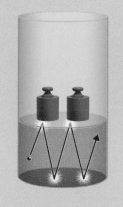

把氣體灌入裝有活塞的容器內，再把 1 個砝碼放在活塞上，則活塞會停在某個位置[4]（左）。如果在活塞上多放 1 個砝碼，則容器內氣體的體積會縮小一半（右）。也就是說，氣體體積和壓力之間具反比的關係。這可以假設為，氣體的原子因高速運動而密集地撞擊壁面，藉此對抗砝碼產生的壓力。因應 2 倍砝碼所產生的 2 倍壓力，氣體體積減為一半，能使氣體原子撞擊壁面的頻率增加為 2 倍，藉此達成平衡。但是光憑這一點，並不足以說它是「顯示原子存在的證據」。

重量達到平衡的緣故（請參照左下圖）。」

對第二則說明持反對論點的思考

在這個例子中，利用原子圓滿地說明氣體體積和施加於氣體的壓力成反比。

但是，和第一則說明一樣，也可以針對此點提出反對的論述。假定氣體是由高速運動的原子所構成，固然容易理解，但並無法得知氣體中含有多少個原子等與原子相關的特徵。所以，這仍然只是一個「方便的想法」而已。

另外，也可以做這樣的說明：「各個原子之間都有排斥力互相作用。原子之間的距離越靠近，這個排斥力便越大。砝碼增加為2倍，則原子之間的距離因縮短而排斥力增大。結果，氣體整體的體積減少為一半，活塞的高度也就降低為一半。」這樣的想法，也是無論原子的數量有多少都能成立，因此也只是個「方便的想法」而已。補充說明，以高速運動加以說明的是荷蘭科學家白努利（Daniel Bernoulli，1700～1782）提出的主張，利用排斥力所做的說明則是英國科學家牛頓提出的主張。

藉實驗求得原子數量是不可能的事？

除了前面所舉的例子之外，在化學、力學等各個領域中，藉著假設原子存在而能圓滿說明現象的情況逐漸增加，使得越來越多科學家相信原子存在。這種建立假說來說明現象的方法，稱為「演繹法」（deduction）或「演繹推理」（deductive reasoning）。

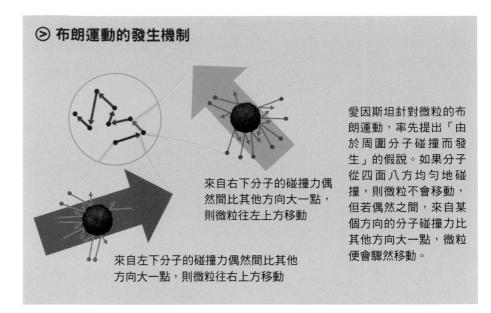

⊙ 布朗運動的發生機制

來自右下分子的碰撞力偶然間比其他方向大一點，則微粒往左上方移動

來自左下分子的碰撞力偶然間比其他方向大一點，則微粒往右上方移動

愛因斯坦針對微粒的布朗運動，率先提出「由於周圍分子碰撞而發生」的假說。如果分子從四面八方均勻地碰撞，則微粒不會移動，但若偶然之間，來自某個方向的分子碰撞力比其他方向大一點，微粒便會驟然移動。

不過，這些假說並沒有預測1個原子的重量等等，無法讓我們得知原子的具體特徵。而且，就算建立了連1個原子的重量都能預測的假說，光憑這樣也不代表在科學上證明了「原子存在」。因為還必須藉由實驗，檢視原子動態是否真的符合假說。這種一再以實驗求證假說正確的方法，稱為「歸納法」（induction）或「歸納推理」（inductive reasoning）。

連顯微鏡都看不見的原子，能夠利用實驗進行檢視嗎？一直到20世紀初，德國化學家奧斯特瓦爾德（Wilhelm Ostwald，1853～1932）、奧地利物理學家馬赫（Ernst Mach，1838～1916）等一部分科學家依然主張「既然無法利用實驗加以驗證，那麼在科學上就不應該處理原子是否存在的問題」。秉持這種立場的科學家把原子稱為「操作假說」（為了使思考往前推進而嘗試採用的暫定假說），而不認為原子真實存在。

另一方面，支持原子論的科學家則持續探索各種方法，嘗試把「重量」、「力」、「體積」、「溫度」等等能夠利用實驗加以測定的訊息資料，以及前述的「亞佛加厥常數」等表示原子特徵的數值，連結在一起。

第三則說明微粒的布朗運動

英國植物學家布朗（Robert Brown，1773～1858）於1827年發現微粒的運動，促使亞佛加厥常數可以得到證明，計算出了原子數量。

布朗為了檢視受粉機制，使用顯微鏡觀察水中的花粉。結果發現，花粉吸水後會迸裂，且從中散放出微粒。這些微粒各做著不規則的運動（參照上圖）。

布朗原先以為這一些微粒是活的，但是不久之後就察覺到，不管是什麼物質，只要是小到某個程度的微粒，例如粉筆的粉粒等等，都可以看到這樣子的運動。在布朗之前，也有人提出這種現象的報告，但布朗是最先注意到這種微粒運動並沒有涉及任何特定的事物，而是非常普遍的現

象。因此後來就將此現象稱為「布朗運動」（Brownian motion）。

布朗運動是如何發生的呢？當時有人說是因為「熱造成的對流」。如果這個說法正確，則鄰近的眾多微粒理應會隨著對流一起運動才對。但根據實驗結果，即使是相鄰的微粒，也會在不同時間點朝完全不同的方向移動。

除此之外，也有人提出「微粒從表面溶出，使得周邊液體的表面張力改變，因而產生流動」、「水蒸發而產生水的流動」等等說法。但藉由長時間的觀察，以及就連封閉在透明水晶內的水滴裡也會發生布朗運動等證據，這些假說遂都遭到推翻。因為，委實無法想像在密閉的水晶裡，竟然會有水蒸發、微粒溶出等情形長達數千、萬年。

在布朗的發現後過了80年，愛因斯坦提出「許多做著不規則運動的水分子從四面八方撞擊微粒，如果偶然間來自某個方向的撞擊比較大一點，則微粒就會移動」的說法（參照第55頁圖）。

從不規則分子運動中導出規則性的「統計力學」

愛因斯坦在假說中設定「許多分子在做著不規則的運動」，這樣的「不規則運動」能不能以數學式來表示呢？

19世紀末，奧地利物理學家波茲曼（Ludwig Boltzmann，1844～1906）建立了把「熱力學」視為分子動態來重新解釋的「統計力學」（statistical mechanics）。而所謂的熱力學，是一門處理氣體能量之授受的物理學。

一個個分子不規則地運動，無法預測。正如同投擲一枚硬幣，無法預測它接下來會出現正面或反面。但如果投擲1000次，便可推測該枚硬幣出現正面的次數大約為500次的機會相當大。同樣的道理，波茲曼認為可以使用統計的方法來推測分子集團的動態。

而且，以往對各種物質逐一測定的量值，例如氣體的比熱、黏性係數等等，都可以透過計算方法予以求算。

不過，統計力學是否正確，並無法藉由實驗而親眼目睹各個分子的動態來獲得確認。因此，統計力學遭受到馬赫等學者的嚴厲批判。

使用「巨大」的微粒探索分子動態

愛因斯坦則是把目光投注在布朗運動的主角微粒身上。例如直徑0.5微米（＝2000分之1毫米，微是100萬分之1）的微粒，遠比分子[5]還要「巨大」許多，所以和肉眼看不見的分子不一樣，可以使用顯微鏡來觀察。而且，如果在偶然間，微粒受到來自某個方向的分子撞擊稍微大了點，微粒便會突然動一下，下一次是往那裡，再下一次是往這裡……，像這樣做著細微的鋸齒狀運動。愛因斯坦認為，只要觀察這些微粒的不規則運動，便宛如親眼目睹無數個分子撞擊微粒的動態。

愛因斯坦算出微粒在做鋸齒狀運動時的平均移動距離，藉此導出了「『微粒子的平均移動距離』和『時間的平方根』成正比」（1）的關係。

建立以實驗求算「分子個數」的公式

愛因斯坦利用（1）的關係，導出「愛因斯坦關係式」，可以用來計算做布朗運動的微粒平均移動距離。這個式子是以「微粒半徑」、

※5：現在已知分子的大小為直徑0.0001微米，所以只有微粒的5000分之1而已。

⊙ 二維的隨機遊走（醉步）

微粒不規則改變方向而前進的運動稱為「隨機漫步」（random walk），比擬成酒客喝醉跟蹌行走的路線而稱為「醉步」。例如，令喝醉酒客從出發地點行走一段時間，再測量他的位置，可以發現平均移動距離與「經過時間的平方根」成正比。

移動距離

出發地點

⊙ 布朗運動實際上的軌跡

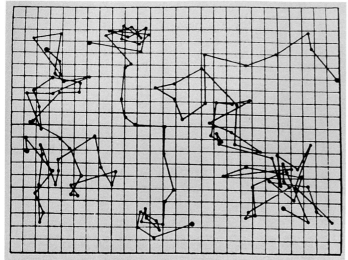

佩蘭所記錄的布朗運動軌跡。直徑0.53微米（微是100萬分之1）的微粒，每隔30秒記錄1次位置。一個格子是3.2微米見方。記下許多數據之後，會發現如下圖所示的規則性。還有，這個圖形是以「直線」連接每隔30秒測定到的微粒位置，這些直線並非微粒的運動軌跡。如果以最短時間間隔做測定的話，各條「直線」應該會分別成為「鋸齒狀的線」。像這樣，在紊亂之中還隱藏著更紊亂的連鎖反應，正足以證明布朗運動是一再發生微小碰撞的結果。

⊙ 微粒的移動距離

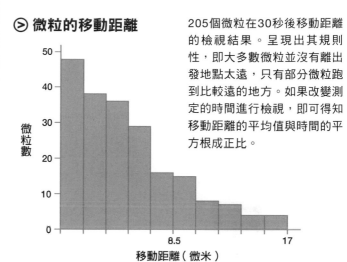

205個微粒在30秒後移動距離的檢視結果。呈現出其規則性，即大多數微粒並沒有離出發地點太遠，只有部分微粒跑到比較遠的地方。如果改變測定的時間進行檢視，即可得知移動距離的平均值與時間的平方根成正比。

「溫度」、「黏性係數」等能夠利用實驗測定的數值，以及「亞佛加厥常數」來表示。也就是說，這個式子代表只要利用實驗測出亞佛加厥常數以外的數值，便能求得亞佛加厥常數。

精密測量微粒大小等等
反覆施行實驗

法國科學家佩蘭為了驗證愛因斯坦的關係式，於1908年著手進行實驗。

雖說構成式子的要素之中，除了亞佛加厥常數之外全都「能夠測定」，但微粒只有使用顯微鏡才能看見，所以想要測量它的直徑等等，著實非常困難。佩蘭採用樹脂製造微粒，並且以離心分離器使微粒大小趨於一致，耗費了不少心力，才將微粒的大小統一起來。接著測量了好幾百次微粒在各種液體中的移動距離之後，終於從測定值推導出分子數量（亞佛加厥常數）。

根據實驗的結果，亞佛加厥常數始終維持在6～7×10²³的範圍內。即使改變條件，亞佛加厥常

數也會維持在一定的範圍內，這件事強烈地暗示著，主張原子存在的假說是正確的。除了馬赫等極少數堅持者之外，大部分的科學家看到這個結果後都表示認同，認為科學上已經證實分子以及構成分子的原子是存在的。佩蘭也因為這項功績於1926年獲頒諾貝爾物理學獎。

人們藉此得知布朗運動的具體樣貌。一個半徑0.5微米的微粒，受到半徑不及它1000分之1的水分子，每秒撞擊1京（10¹⁶）次，因而造成微粒不規則的驟然移動。

現今仍在持續探究
「物質之根源」

事實上，在佩蘭獲致成果至少10年前，已經得知「電子」乃是原子的一部分。此外，英國科學家拉塞福（Ernest Rutherford，1871～

1937）也在1908年闡明原子裡有「核」存在。原子確實存在，但並不是「無法再繼續分割下去的粒子」。

其後，又發現了遠比原子更小的各種「基本粒子」，迄今仍持續研究不輟。以《有誰看過原子》等著作而聞名的日本學習院大學江澤洋名譽教授說：「以前，科學家根據各種現象而相信或不相信『有原子存在』，進而提出各種假說，進行各式各樣的實驗，藉此開闢新的領域。一直到現在，『物質是由什麼東西所構成的』這個疑問，依然不斷地驅策科學向前邁進。」

「存在」
是怎麼回事？

量子論是闡明構成物質之粒子及光子等微觀粒子動態的理論，徹底推翻先前「物體存在」的相關常識。例如，讓我們明白微觀世界中有一種直到觀測時才能確定位置的奇妙現象。第 3 章將探討量子論所闡明的「自然界主角」之本質。

協助　和田純夫

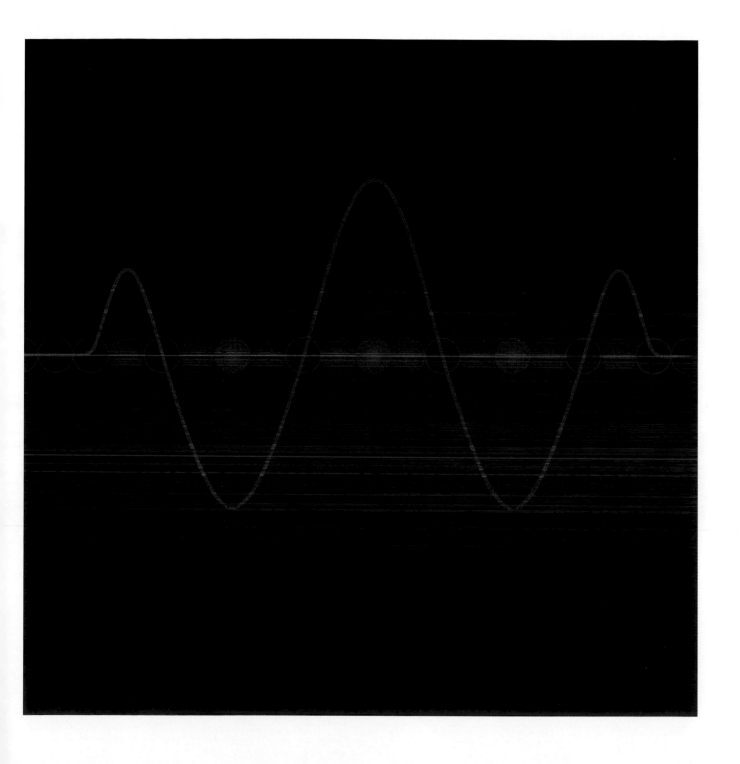

電子和光兼具
波暨粒子兩種性質

進 入20世紀之後，迭經詳細檢視原子相關現象，這才逐漸明白微觀世界和你我日常生活所看到的截然不同。我們一直認為所有物體的運動都可以用「牛頓力學」予以說明，但現在必須要有更新的理論才行，於是「量子論」因應而生。以下將逐步探討量子論所闡述之微觀粒子的動態表現。

理解量子論的關鍵，在於電子和光所具有的「波粒二象性」（wave-particle duality），意即電子和光等微觀粒子同時兼具波與粒子的性質。

所謂波，可以說是「在某個場所產生的振動，往周圍擴散傳送」的現象。在我們身邊可見水面的波動起伏，就是波的典型例子。把石子投向水面，在石子落下之處，水便會蕩起波紋，並往周圍水面擴散出去，即成為波。

波一邊擴散一邊行進，即使障礙物（圖示為防波堤）橫亙於前，它仍能繞到障礙物後方陰影區。這種現象是波的一種性質，稱為「繞射」（diffraction）。此

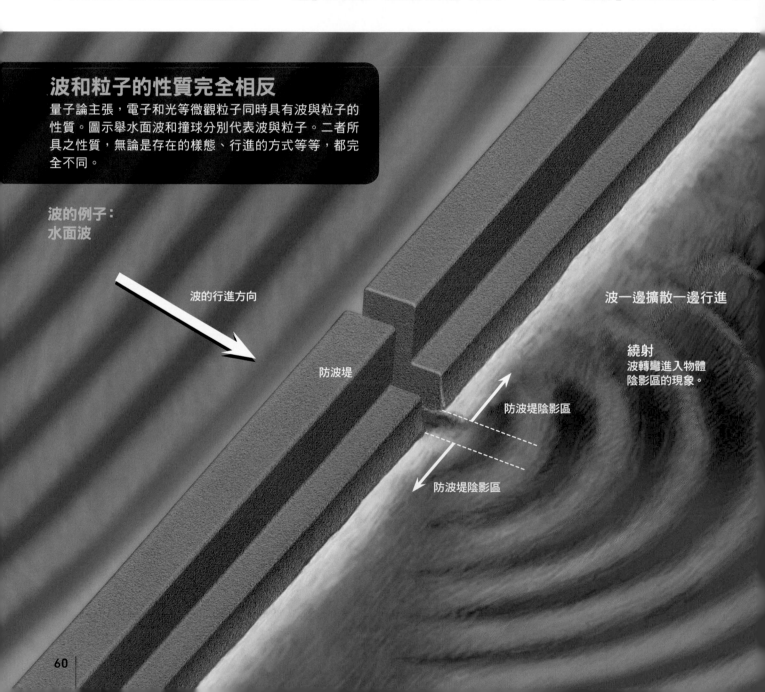

波和粒子的性質完全相反

量子論主張，電子和光等微觀粒子同時具有波與粒子的性質。圖示舉水面波和撞球分別代表波與粒子。二者所具之性質，無論是存在的樣態、行進的方式等等，都完全不同。

波的例子：
水面波

波的行進方向

防波堤

波一邊擴散一邊行進

繞射
波轉彎進入物體陰影區的現象。

防波堤陰影區

防波堤陰影區

外，由於波會擴散成一個範圍，無法指出一個特定點，說它就是「在這個位置」。

而粒子又是如何的呢？以撞球檯上的球來說，它和波不一樣，球在行進時，只要沒有受到外力的作用，它就會筆直前進，直到撞上某個物件，才會改變行進方向。此外還能指出一個特定點，說它就是「在這個位置」。球（粒子）在某個瞬間會處於一個確定的點。

像這樣，波和粒子具有完全相反的性質。一個東西本身同時兼具完全相反的性質，這樣的事情是怎麼發現的呢？再者，這麼不可思議的事實，究竟要如何解釋呢？從下頁開始我們將會逐一予以說明。

量子論的適用範圍只限於微觀世界嗎？

量子論在理論上能夠適用於自然界的所有現象，與對象的大小無關。但如果討論的是比原子還小的對象時，不用量子論即完全無法解釋的現象將會逐一浮現。量子現象在微觀世界中更為明顯清晰。

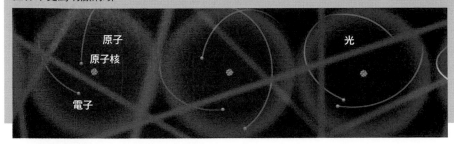

原子
原子核
電子
光

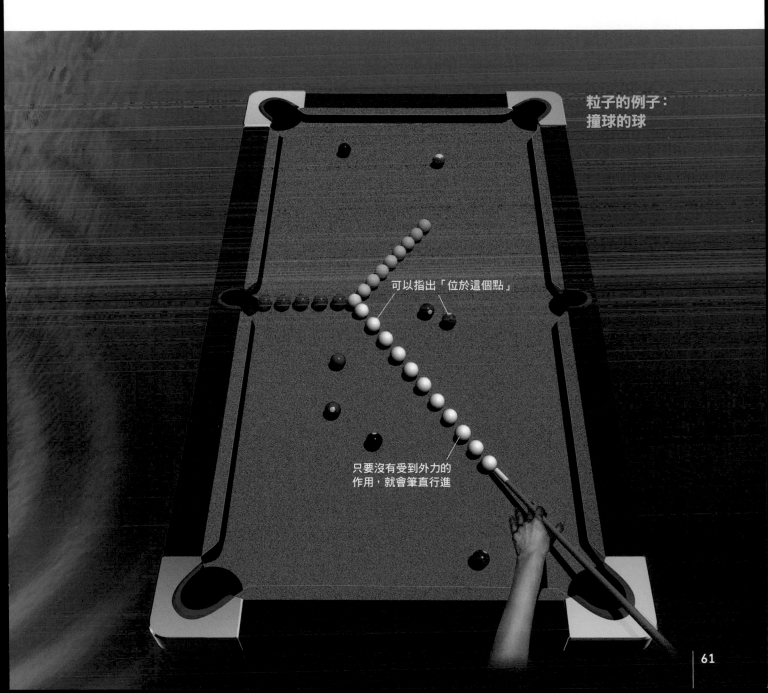

粒子的例子：
撞球的球

可以指出「位於這個點」

只要沒有受到外力的作用，就會筆直行進

楊格的實驗顯示光是「波」

光的波動說

光 的本質是什麼呢？在量子論出現之前的19世紀，「光是波」的概念已經成為一個常識。這個概念的契機，是英國物理學家楊格（Thomas Young，1773～1829）在1807年所進行的「光的干涉」實驗。

所謂干涉，是指兩道波重疊而加強或減弱的現象。 楊格使用如

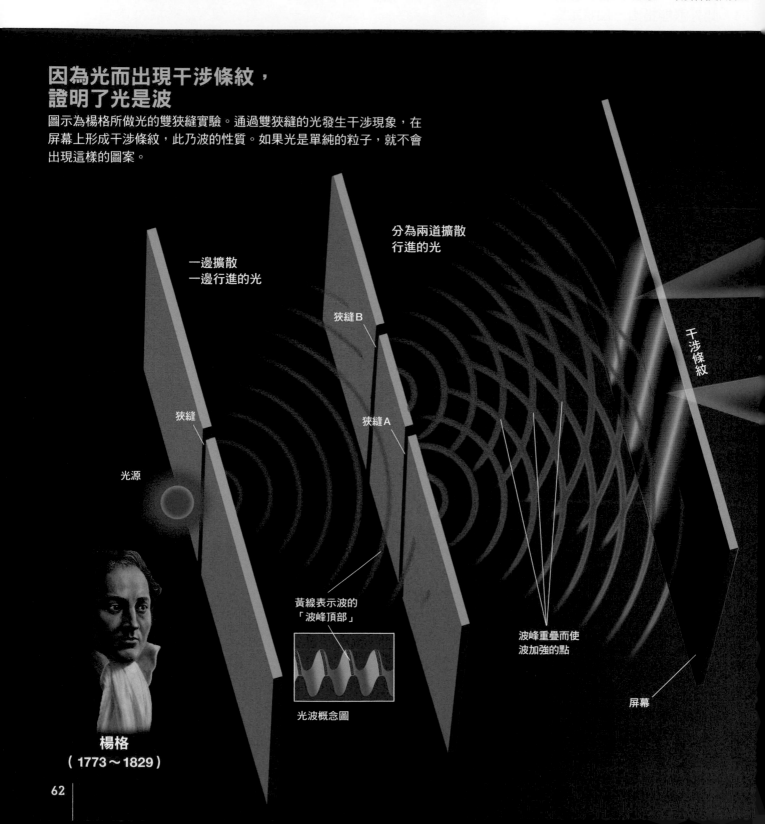

因為光而出現干涉條紋，
證明了光是波

圖示為楊格所做光的雙狹縫實驗。通過雙狹縫的光發生干涉現象，在屏幕上形成干涉條紋，此乃波的性質。如果光是單純的粒子，就不會出現這樣的圖案。

一邊擴散
一邊行進的光

分為兩道擴散
行進的光

狹縫B

狹縫

狹縫A

光源

干涉條紋

黃線表示波的
「波峰頂部」

光波概念圖

波峰重疊而使
波加強的點

屏幕

楊格
（1773～1829）

圖所示的裝置，以確定光是否會發生干涉。他在光源前方放置一片開有一道狹縫（狹窄的縫隙）的板子，然後在更遠的前方放置一片開有兩道狹縫（雙狹縫）的板子。

如果光是波的話，則當它通過第一道狹縫之後，以及通過更前方的兩道狹縫之後，都會發生繞射而一邊擴散一邊行進。而且，兩道波應該會在雙狹縫前方發生干涉。

以光波來說，波峰的高度（振幅）與光的亮度成對應。振幅越大，則光越明亮。因此，在波峰和波峰重疊的地方，波會增強，使得振幅加大而變得更亮；在波峰和波谷重疊的地方，波會減弱，使得振幅減小而變得更暗。這樣的話，放置於雙狹縫前方的屏幕上，應該會產生明暗的條紋圖案（干涉條紋）才對。楊格的實驗果然呈現出這樣的結果。

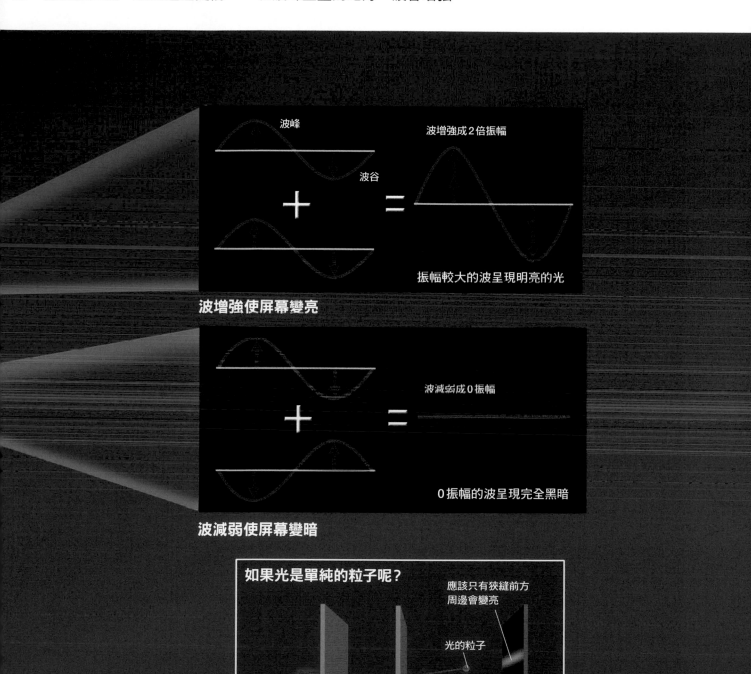

波峰

波谷

波增強成2倍振幅

振幅較大的波呈現明亮的光

波增強使屏幕變亮

波減弱成0振幅

0振幅的波呈現完全黑暗

波減弱使屏幕變暗

如果光是單純的粒子呢？

應該只有狹縫前方周邊會變亮

光的粒子

光源

愛因斯坦認為光也具有粒子的性質

是到19世紀末，出現了一個與光相關的謎題。

當時的製鐵業是依據高溫物體發光的顏色來推定溫度。可是，這個光的規則性並無法從理論上給予說明。

德國物理學家普朗克（Max Planck，1858～1947）著手研究這個問題，並在1900年提出**「發光粒子的振動能量，只是跳躍式的不連續值」**（量子假說）。普朗克利用這個構想，圓滿地說明了光之顏色和溫度的規則性。

德裔物理學家愛因斯坦（Albert Einstein，1879～1955）對高溫物體的發光現象也有自己的想法，並在1905年獲得了與普朗克稍微不同的結論：**「那些會跳躍的能量，其實是光」**（光量子假說）。這意味著，光是具有粒子性質的「光子」（或光量子）集合體。

如果不考慮光的粒子性，日常生活中便有一些現象無法加以說明。例如，**眼睛能夠在夜空看到星星，正因為光為不連續的光子集合**（參照右下圖）。

另一方面，光也具有波的性質，也就是說，**光子是具有「波粒二象性」的奇妙東西。**愛因斯坦發表光量子假說的時候，信奉「光是波」的物理學家絕大多數並沒有立刻支持這項革命性的假說。

愛因斯坦本人也對光這種不可思議的性質苦惱了一輩子。他曾經說：「長達50年的時間，我一直不停思考『光量子究竟是什麼東西』這個問題，但始終沒有將觸及答案的感覺。」〔取材自瑞格登（John S. Rigden，1934～2017）著《愛因斯坦奇蹟年1905》（Einstein 1905：The Standard of Greatness）〕

既是粒子也是波的光

將光視為波之示意圖

光源

愛因斯坦
（1879～1955）

炙熱鐵塊示意圖

將光視為粒子集合
之示意圖

光源

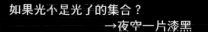

如果光不是光子的集合？
→夜空一片漆黑

如果光是光子的集合？
→夜空的璀璨星空

光子

飛出的電子

金屬板

光量子（光子）

當光照射在金屬上，金屬中的電子會從光取得能量而往外飛出，這種現象就稱為「光電效應」。如果把光視為單純的波，便無法圓滿地說明這個現象。愛因斯坦利用光量子假說來說明光電效應的機制，對飛出的電子做理論上的預測。1919年，密立根（Robert Millikan，1868～1953）進行實驗證明了這項預測。

其後，光量子效應仍很難取得認同，直到1923年，康卜吞（Arthur Compton，1892～1962）等人進行相關的實驗（利用X射線照射金屬，檢測X射線光子和電子之間的碰撞現象），才逐漸廣為人們接受。

如果光連續性地在空間擴散開來，則光會變得無限稀薄。在這種狀況下，夜空的群星由於距離太遠，其中恆星發出的光應該會稀薄到眼睛無法感知的程度。也就是說，夜空將會是一片漆黑（左）。另一方面，如果光是不連續而具有粒子的性質，則無論行進的距離有多遠，一個個光子都能保持原貌。結果，只要光子具有足夠的能量，則即使是來自遙遠恆星的光，也能讓我們眼睛感知（右）。

波耳的原子模型

原子中的電子會在「不連續」的軌道內躍遷

接著，我們來看看電子的「波粒二象性」。自從1897年英國物理學家湯姆森（Joseph Thomson，1856～1940）闡明電子的存在之後，許多科學家紛紛思考電子在原子裡是如何分布，並提出各式各樣的原子模型。

日本物理學家長岡半太郎（1865～1950）提出電子在帶正電之球周圍旋轉的模型。英國物理學家拉塞福（Ernest Rutherford，1871～1937）也根據實驗的結果，提出電子在帶正電的小原子核周圍繞轉的模型。兩人所提出的原子模型十分相似，也是直到現在仍然常用的模型。

不過，這樣的原子模型有幾個問題。根據當時的物理學常識，繞轉的電子會不斷地放出光而逐漸失去能量。因此，電子理應會沿著螺旋形的軌道逐漸接近原子核，**最後撞上原子核。**但是，實際上並沒有發生這樣的情形。此外，**原子所發出之光的顏色應該連續才對，但實際上卻是跳階式地不連續。**這也是一個疑問。

那麼，電子在原子裡究竟是以什麼樣的形態存在呢？

1913年，丹麥物理學家波耳（Niels Bohr，1885～1962）把前文所述的普朗克量子假說套用在原子裡面的電子，提出**「電子具有跳躍式能量」**的原子模型。

這麼一來，容許電子存在的軌道就成為跳階式，電子也就不會跑進最接近原子核的軌道內側，導致最後撞上原子核。而且，可以認為「電子躍遷到能量較低的其他軌道時，它們的能量差會轉變成光的能量釋放出來。由於電子的軌道是跳階式，所以放出的光，顏色也是跳躍式」。這個模型完全符合實驗結果。

波耳的原子模型和光的產生

波耳構思的原子模型及其發光緣由之示意圖。如圖所示，電子只能存在於跳階式的軌道上。波耳認為，電子無法存在於軌道間的地方。電子在躍遷到其他軌道的時候會放出光，這個光所具有的能量即相當於躍遷前後兩個軌道的能量差。

能量第二低的軌道

能量第三低的軌道

能量第四低的軌道

電子無法存在於軌道間的地方

能量第五低的軌道

能量第六低的軌道

波耳
（1885～1962）

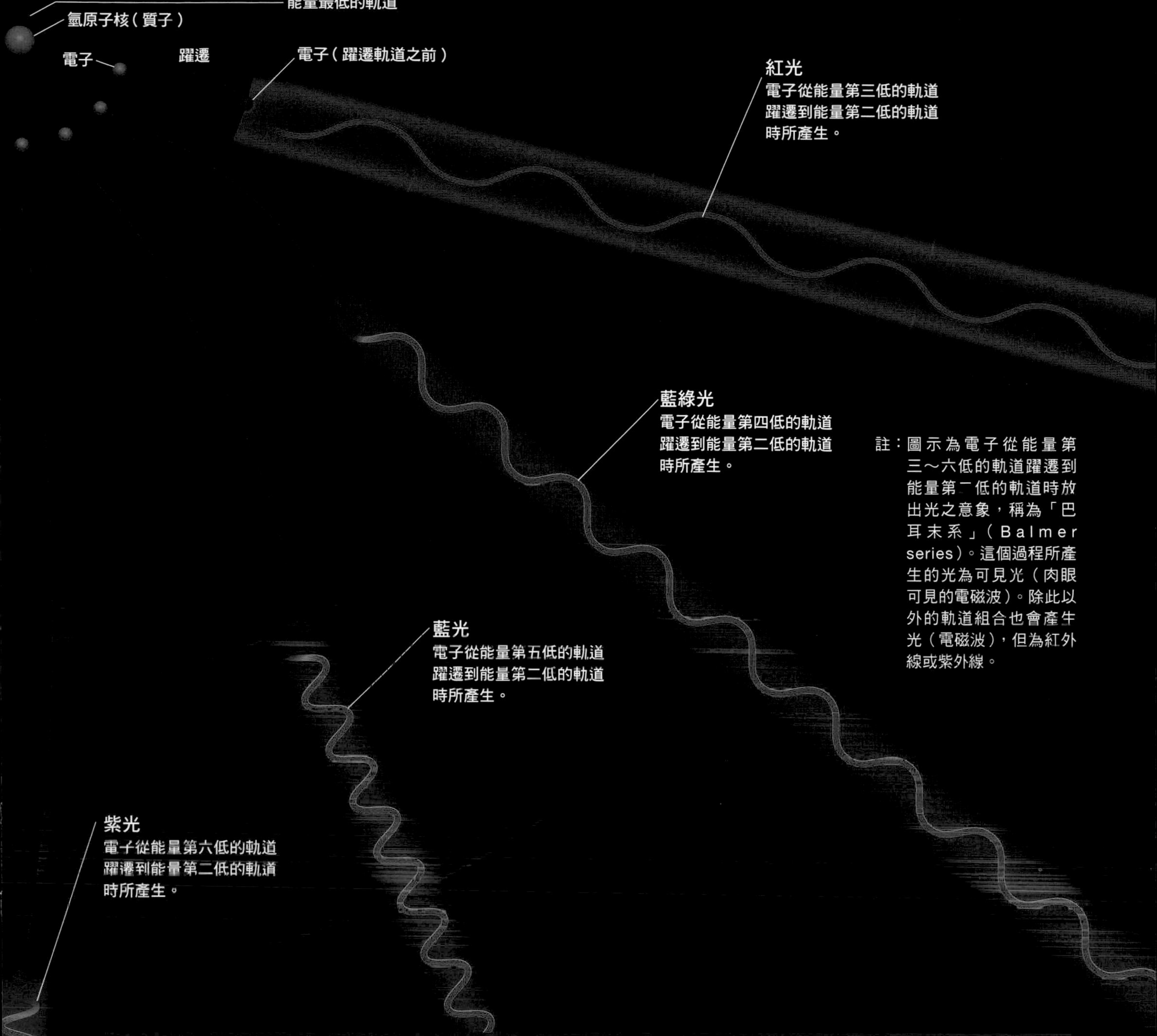

能量最低的軌道

氫原子核（質子）

電子　　　躍遷　　　電子（躍遷軌道之前）

紅光
電子從能量第三低的軌道躍遷到能量第二低的軌道時所產生。

藍綠光
電子從能量第四低的軌道躍遷到能量第二低的軌道時所產生。

註：圖示為電子從能量第三～六低的軌道躍遷到能量第二低的軌道時放出光之意象，稱為「巴耳末系」（Balmer series）。這個過程所產生的光為可見光（肉眼可見的電磁波）。除此以外的軌道組合也會產生光（電磁波），但為紅外線或紫外線。

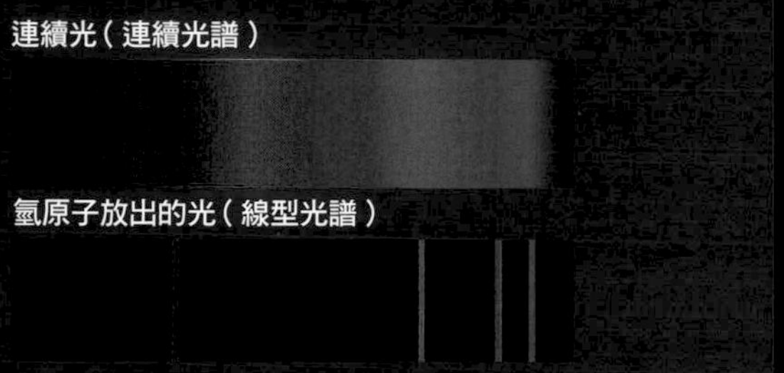

藍光
電子從能量第五低的軌道躍遷到能量第二低的軌道時所產生。

紫光
電子從能量第六低的軌道躍遷到能量第二低的軌道時所產生。

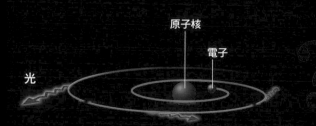

原子核

電子

光

連續光（連續光譜）

氫原子放出的光（線型光譜）

電子會放出光而撞上原子核嗎？
根據電磁學，如果帶電的電子在原子核的周圍繞轉，就會產生一個問題：它會因為放出光而失去能量，逐漸接近原子核，最後撞上原子核。在這種狀況之下，原子無法穩定存在。

原子放出的光會呈現出什麼模樣？
如果假設電子在原子核的周圍自由地移動，會產生另一個問題。如左圖所示，電子逐漸接近原子核時，原子會放出連續光。依照不同顏色（波長）檢視這個光，應該是連續性的（上）。但事實上，原子放出的光，波長是跳躍式的（下）。

電子波

電子等物質粒子也具有波的性質！

究 竟為什麼，電子只能存在於跳階式的軌道上呢？

1923年，法國物理學家德布羅意（Louis de Broglie，1892～1987）受到愛因斯坦光量子假說的影響，也開始思考，如果光同時具有波和粒子這兩種性質，那麼，**電子等物質粒子是不是也同樣具有波的性質呢？**這種波即稱為「物質波」（matter wave）或「德布羅意波」（de Broglie wave）。

將電子的軌道形狀設想為原子核周圍的圓（右圖所示之虛線圓）。德布羅意認為，**如果軌道1圈的長度（周長）對電子波來說不是「恰好的長度」，則電子波將無法穩定地存在。**

在圖**1**中，1圈恰好是4個波峰（虛線圓的外側）和波谷（虛線圓的內側）的組合。在圖**2**中，1圈恰好是5個波峰和波谷的組合。德布羅意認為，只有當電子波和軌道的周長剛好滿足這個關係的時候，電子波才能穩定存在。

因此他認為，如果是像圖**1'**這樣，不符合恰好關係，電子波便無法穩定存在，所以電子無法存在於這樣的軌道上。

但是在這之前，電子一直被認為是微小的粒子（參照右頁下圖）。原本應該是粒子的電子，卻具有像波一般的性質，這代表什麼呢？

值得注意的是，這是指**1個電子具有粒子的性質，同時也具有波的性質**[※]。而不是指如果有多個電子聚集在一起，或許能以集體的形式呈現類似波浪的動態。也不是指1個電子會像波那樣邊蛇行邊前進（參照右頁下圖）。

從第70頁開始，將會開始探討量子論如何看待這個不可思議的波粒二象性。

[※]：1個電子不僅具有粒子的性質，也具有波的性質，第74頁將會介紹不得不承認這件事的證據。還有，1個光子也兼具波和粒子這兩種性質。

電子波和電子的軌道有什麼關係？

在圖1和2中，軌道1圈的周長是電子波波長的整數倍。德布羅意認為電子只能存在於這樣的軌道上。而如插圖1'這樣，軌道1圈的周長和電子波波長不符合整數倍關係，電子便無法存在其上。

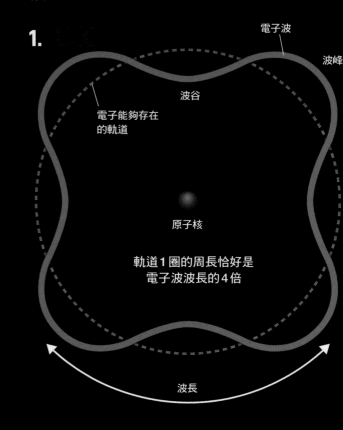

1. OK

電子波

波峰

波谷

電子能夠存在的軌道

原子核

軌道1圈的周長恰好是
電子波波長的4倍

波長

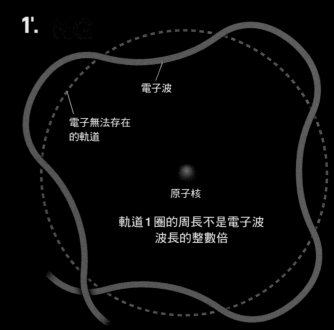

1'. NG

電子波

電子無法存在的軌道

原子核

軌道1圈的周長不是電子波
波長的整數倍

2.

電子波

電子能夠存在
的軌道

原子核

軌道1圈的周長恰好是
電子波波長的5倍

德布羅意
（1892～1987）

$$i\hbar \frac{\partial \psi}{\partial t} = -\frac{\hbar^2}{2m}\frac{\partial^2 \psi}{\partial x^2} + U(x)\psi$$

以數學式表示電子波的「波函數」

1926年，奧地利物理學家薛丁格（Erwin Schrödinger，1887～1961）將德布羅意物質波的想法予以擴展，提出一個滿足電子波的方程式（微分方程式），稱為「薛丁格方程式」（Schrödinger equation）（右上方式子）。式子中的 ψ 稱為波函數（wave function），以數學方式來表示電子波。藉由解薛丁格方程式（求出 ψ 是什麼樣的函數），可求得原子和分子內隨時間變化的電子波形貌（軌道）。不過，這個方程式也沒有闡述電子波實際上代表什麼意義。

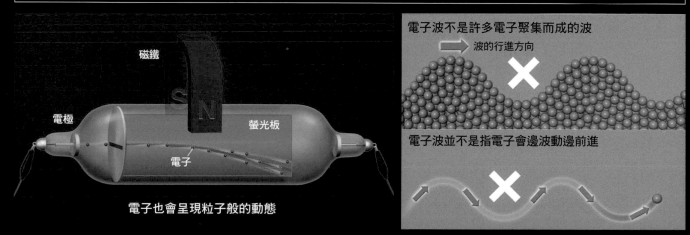

磁鐵

電極

螢光板

電子

電子也會呈現粒子般的動態

電子波不是許多電子聚集而成的波

波的行進方向

電子波並不是指電子會邊波動邊前進

（左）在真空的管子內，若於電極之間施加電壓則會產生電流。也就是說，有電子在電極之間流動。電子的流動無法直接目睹，但若在電極之間設置螢光板，則電子就會因為撞擊螢光板而發光，所以能夠間接觀察它的流動。當有磁鐵靠近，懸浮在螢光板上的電流路線便會彎曲。根據其彎曲程度，只要把電子視為粒子，認為這是因為磁鐵的磁力才造成行進方向彎曲，便可以獲得圓滿的解釋。依據這樣的實驗，可以把電子當成粒子來看待。（右）電子波並不是表示「電子集團在做波動」或「電子會邊波動邊前進」。

電子和光若經觀測，波形就塌縮於一點，呈現出粒子的形態

前面說過，電子和光都同時兼具粒子與波的性質。由此開始，將介紹量子論對於這個看似矛盾的事實所提出的標準詮釋，亦即波耳等人提出的「哥本哈根詮釋」（Copenhagen interpretation）。還有，以下雖然是在闡述電子，但基本上，電子以外的微觀粒子（光子、原子、分子、原子核、質子、中子及其他基本粒子等等）也全都會表現出相同的動態。

若進行觀測，則電子波會在瞬間塌縮

依據標準詮釋之電子所具有的「波粒二象性」示意圖。左頁為電子波在觀測前分布於空間中的示意圖。若進行觀測，則電子波會在瞬間聚集到分布範圍內的某個點，成為「針狀波」（右頁，波的塌縮）。我們便會觀測到這個針狀波呈現粒子的形態。

觀測前

電子波在「無人觀看之際」（未進行觀測的時候）散布在空間中（左頁圖）。但若採取某種手法，例如以光照射電子波，試圖觀測它的位置時，很不可思議地，電子波會在一瞬間收縮，聚集成「針狀波」。這個現象稱為「波函數塌縮」（wave function collapse）或「波的塌縮」（右

圖）。這時的波形不像一般波那樣散布開來，而是聚集於一點，所以當我們觀測時，它看起來就像一個粒子。也就是說，電子在「無人觀看之際」會呈現波的形態，一經「觀看」就會呈現粒子的樣貌。

一旦觀測電子，它會出現的位置，乃觀測前以波之樣貌所散布

範圍內的某處，但會出現在什麼地方則無法預知，純粹是機率而已。例如，在這個範圍內出現的機率是30％，在那個範圍內出現的機率是2％等等。波耳等人認為，依據以上這樣的解釋，能夠圓滿地說明電子等微觀粒子的「波粒二象性」。

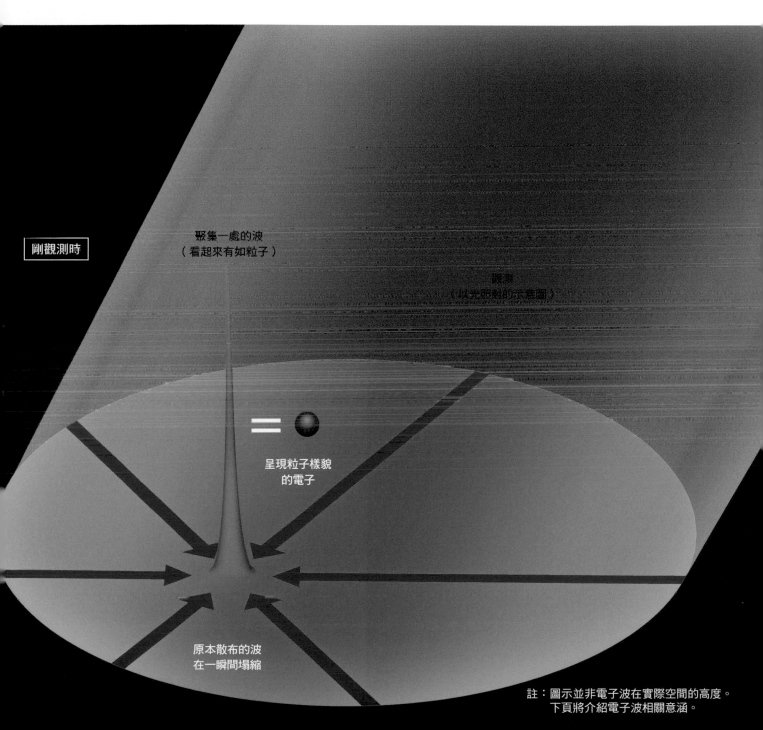

剛觀測時

聚集一處的波
（看起來有如粒子）

觀測
（以光照射的示意圖）

呈現粒子樣貌
的電子

原本散布的波
在一瞬間塌縮

註：圖示並非電子波在實際空間的高度。
下頁將介紹電子波相關意涵。

電子波與「發現機率」有關

　　圖中在電子波添加多個顏色深淺（透明度）不同的電子（球狀）。球的顏色越深（越不透明越能看出球狀），代表此處發現電子的機率越高。完全透明的地方（看不到球，只以細線顯示其輪廓），則是發現電子機率為 0 的地方。在電子波「波峰頂點」或「波谷底部」的發現機率最高（增至極大），電子波與軸相交處則發現機率為 0。

　　把電子波當做表示電子發現機率的波※**來考量，這樣的詮釋稱為「機率詮釋」（probability interpretation），**是德國物理

可發現電子的位置散布在一個範圍內

本圖所示為電子波的涵義。在電子波上以球來代表電子。在電子波距離軸（藍色線條）越遠的地方，發現電子的機率越高。發現機率以球的透明度來表現，透明度越高（越看不到球的存在），代表在那個地方的發現機率越低。

　　觀測前電子的發現機率有高有低地散布在一個範圍內（左頁）。一旦進行觀測（右頁），電子便會出現在原先散布範圍內的某個地方。

波恩
（1882～1970）

觀測前

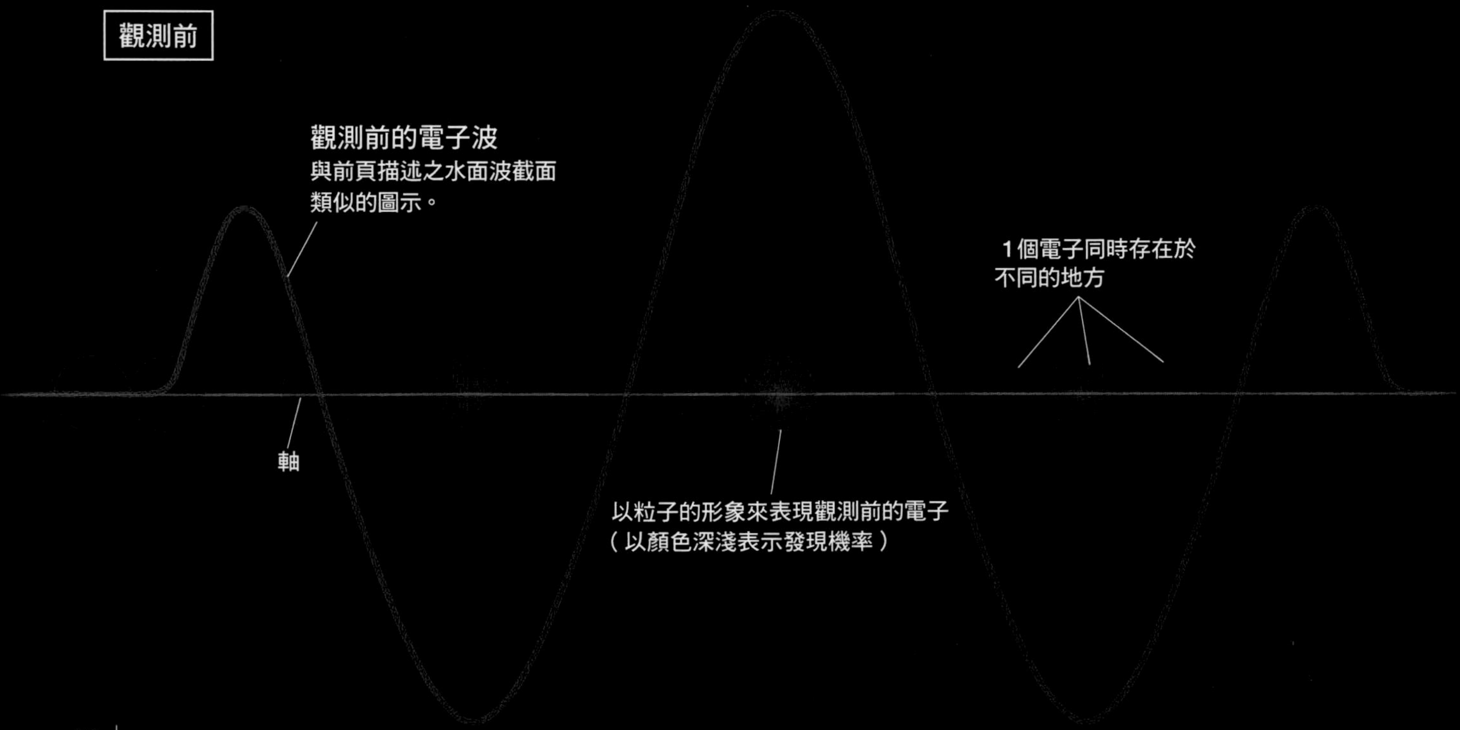

觀測前的電子波
與前頁描述之水面波截面
類似的圖示。

1個電子同時存在於
不同的地方

軸

以粒子的形象來表現觀測前的電子
（以顏色深淺表示發現機率）

學家波恩（Max Born，1882～1970）於1926年首先提出的主張。將前頁的「波函數塌縮」和「機率詮釋」結合在一起的想法，就是哥本哈根詮釋。

那麼，電子波在經由觀測被發現之前，具有什麼樣的意義呢？它是否代表著電子在被觀測前，有什麼特殊含意嗎？

有一派說法，主張這個問題並沒有意義。因為既然還沒有進行觀測，所以「討論它是什麼東西」本身就徒勞無功。由於「原本散開來的波在觀測瞬間塌縮為一個點」這件事本身就不尋常，所以這種不尋常的看法也是說得通的。

但也有人主張，觀測前的波也

具有某種意義。關於這一點，將在下一頁予以說明。

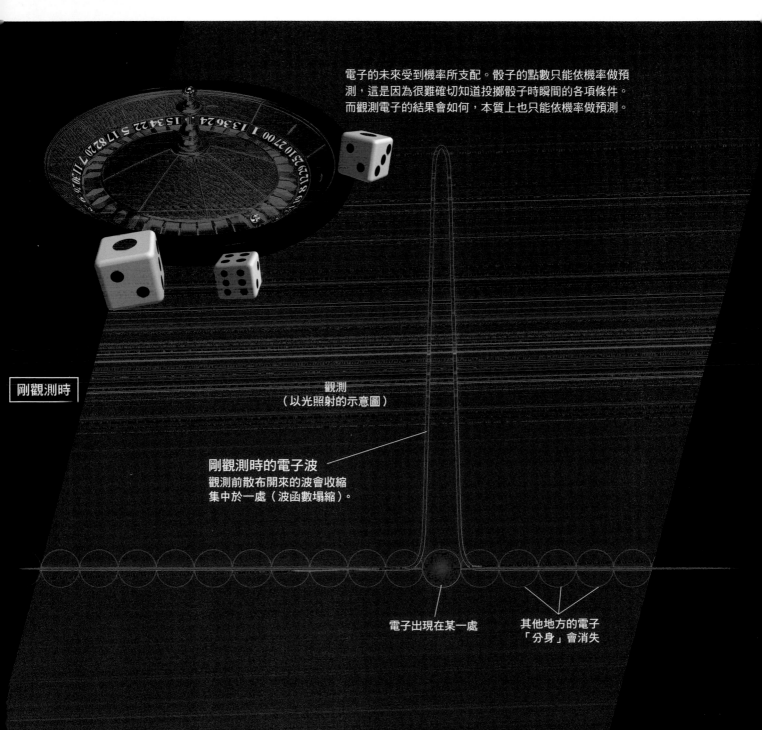

電子的未來受到機率所支配。骰子的點數只能依機率做預測，這是因為很難確切知道投擲骰子時瞬間的各項條件。而觀測電子的結果會如何，本質上也只能依機率做預測。

剛觀測時

觀測
（以光照射的示意圖）

剛觀測時的電子波
觀測前散布開來的波會收縮
集中於一處（波函數塌縮）。

電子出現在某一處

其他地方的電子
「分身」會消失

1個電子能同時通過2道狹縫!?

觀測前的電子像波一樣散布著,當真會有這麼奇妙的事情嗎?讓我們藉由「電子的干涉實驗」來看看。

在發射電子的「電子鎗」前方,裝設一片開有2道狹縫的板子,再於板子前方放置一片屏幕(照相乾板或螢光板等等),當電子撞擊到屏幕,就會將其撞擊痕跡記錄下來。在這項實驗中,設定電子是一個接一個持續地發射。

如果電子是單純的粒子,那它只會直線行進,意即無論發射多少次,都只會在狹縫前方的周邊留下到達的痕跡。但實際上,如果只發射一個電子,屏幕上只會有一個點狀痕跡;但若發射無數個電子的話,便會逐漸顯現出干涉條紋。

若只看「留下一個點狀痕跡」的結果,電子看起來就像粒子。但是,如果把電子看成單純的粒子,便無法說明為什麼屏幕上會出現干涉條紋。似乎只能認為,每個電子跟波一樣散布開來,同時通過了2道狹縫,所以才會產生干涉條紋。

也就是說,**電子通過其中一道狹縫的狀態,和通過另一道狹縫的狀態,兩者是同時共存著。**由於這樣的發想,使得狀態的共存成為量子論的基本原理。

那麼,如果在進行這項實驗的過程中,想確定電子是通過哪一道狹縫,會產生什麼樣的結果呢?於是科學家在狹縫A和狹縫B的側邊各裝設了觀測裝置,當電子通過狹縫時便可偵測出來。有趣的是,如果進行這樣的實驗,就不會出現干涉條紋。

依據前頁所介紹的哥本哈根詮釋來思考這件事,會認為是觀測的這項行為本身導致電子波塌縮了,變成只能通過2道狹縫中的某一道,因此無法產生干涉條紋。反過來也可以說,是干涉條紋只有在一個電子同時通過2道狹縫時才會顯現出來。

加熱金屬線

電子鎗
把電流導入金屬線將其加熱,會有電子飛逸出。施加電壓把電子加速再發射出來的這個裝置,稱為電子鎗。順帶一提,採用陰極射線管(cathode ray tube,也稱為映像管、布朗管)的電視,便是使用電子鎗發射電子,撞擊螢屏使其發光,藉此顯映出影像。

在雙狹縫處觀測電子會產生什麼結果?

原本理應通過狹縫A的波消失了

到達的電子個數

觀測裝置

狹縫A

電子波

電子鎗

電子以粒子的形態出現

狹縫B

觀測裝置

沒有形成右圖般的干涉條紋!

位置

電子的分布情形與單獨封閉狹縫A或狹縫B分別進行實驗,再將兩者合併的結果相同

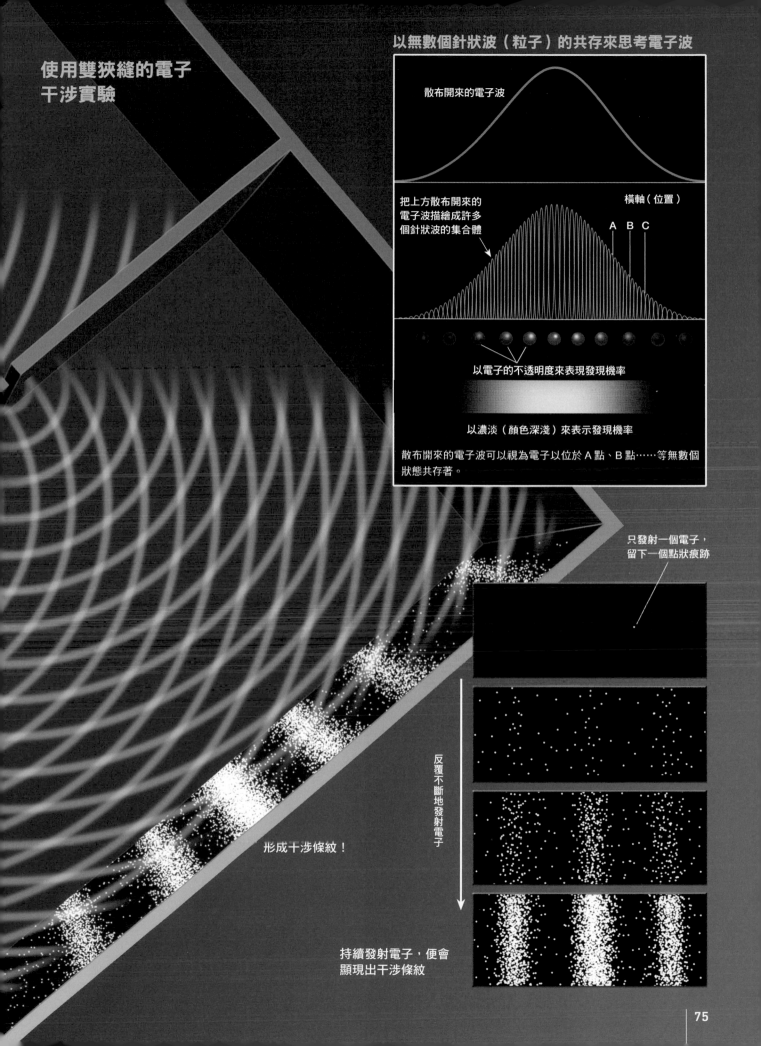

使用雙狹縫的電子
干涉實驗

以無數個針狀波（粒子）的共存來思考電子波

散布開來的電子波

橫軸（位置）

把上方散布開來的
電子波描繪成許多
個針狀波的集合體

A B C

以電子的不透明度來表現發現機率

以濃淡（顏色深淺）來表示發現機率

散布開來的電子波可以視為電子以位於 A 點、B 點……等無數個
狀態共存著。

只發射一個電子，
留下一個點狀痕跡

反覆不斷地發射電子

形成干涉條紋！

持續發射電子，便會
顯現出干涉條紋

「半生半死的貓」是否存在？

前面介紹過，在量子論所思考的微觀世界裡，電子一直要到觀測的那個剎那，才會確定其位置。那麼在量子論中，所謂的「觀測」，究竟是用什麼裝置來進行呢？

有些科學家認為：「觀測裝置也是由原子所構成，應該會遵循和原子相同的原理。理應不會因為觀測裝置而引發波函數塌縮。塌縮是發生於人類腦中感知（認知辨識）測定結果的時候。」對於這個主張，薛丁格設計了以下這項思想實驗加以批判。

箱子裡裝著一隻貓和一個會產生毒氣的裝置。毒氣產生器與一個放射線偵測器連動。而偵測器前方則放了一塊含有少量放射性原子（其原子核會衰變而放出放射線）的礦石。如果該原子核發生衰變，偵測器測得放射線後，會驅動毒氣裝置產生毒氣，將貓毒死。

原子核衰變是依循量子論而發生的現象。因此，到觀測原子核是否發生衰變之前，「已經」和「還未」發生衰變這兩種狀態是共存的。如果說，「觀測」是指人類在腦中進行感知，那在觀測者查看箱子內部的貓是死是活之前，並無法確定原子核是否已經發生衰變。也就是說在此之前，貓活著和死掉的兩種狀態是共存的。薛丁格認為，世間沒有這麼荒謬至極的事情。

不過，關於這項實驗，即使同樣支持哥本哈根詮釋的人們，也有不同的見解。其中一個是「放射線偵測器這個巨觀物體在偵測到放射線的時候，會發生波函數塌縮」。**「觀測」微觀粒子，可以視為對微觀粒子製造出「巨觀痕跡」（對數量龐大的粒子施予無法回復到原來狀態的影響）。** 例如，在微觀粒子驅動了觀測裝置的量表指針（由數量龐大的粒子構成）時，就已經成為「觀測」到的狀態，而與人類有沒有進行觀測並無關係。相對地，也有人提出以人類為中心的看法，認為當人類在觀測某個東西時，對於「那個人」而言，波函數塌縮無論如何都必定會發生。

「薛丁格的貓」思想實驗
（巨觀世界會發生狀態的共存嗎？）

圖示為薛丁格為了反駁「狀態共存乃因其中一個狀態被人腦感知時才會消除」這個主張而設計的思想實驗。

如果先前的主張為正確，那麼假設有一個把原子核衰變與貓死亡連結在一起的裝置，原子核有否衰變的這兩種狀態同時發生，也就是在觀測者為了觀測而查看箱子裡的貓之前，貓同時存活和殞亡的狀態都共存著。薛丁格認為這件事真是荒謬至極。

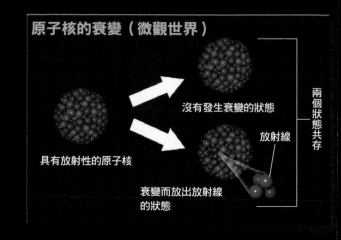

原子核的衰變（微觀世界）

沒有發生衰變的狀態

放射線

兩個狀態共存

具有放射性的原子核

衰變而放出放射線的狀態

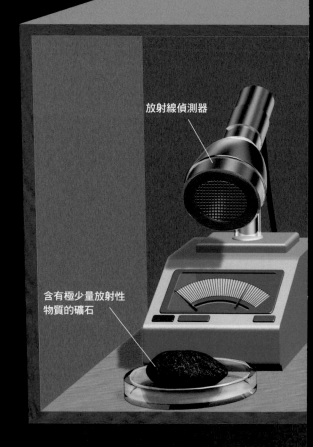

放射線偵測器

含有極少量放射性物質的礦石

觀測者

在打開窗子之前，不知道貓的
存歿狀態

在打開窗子進行觀測之前，貓存活和歿亡
兩種狀態乃共存著？

活貓

死貓

偵測器一測得放射線，
鐵鎚即落下敲破瓶子

瓶子裡裝著會產生
毒氣的液體

一旦敲破瓶子
便會產生毒氣

多世界詮釋

一旦進行觀測，整個世界就會發生分歧？

無論如何，根據哥本哈根詮釋，在共存的多個狀態之中，只要任一個狀態受到某種意義上的觀測，在其瞬間，其他未經觀測的狀態就會消失。

我們來回顧一下貓之生死問題。在原子核發生衰變，使得放射線偵測器偵測到放射線的瞬間，原本共存的「原子核還沒有發生衰變的狀態」就會消失。

事實上，量子論裡也有不同於這個說法的其他詮釋存在。其中之一就是美國物理學家艾弗雷特三世（Hugh Everett III，1930〜1982）於1957年提出的「多世界詮釋」（many-worlds interpretation）。

艾弗雷特認為，即使只觀測多個共存狀態的其中一個，其他狀態仍會保留下來。他主張如果偵測器偵測到放射線，便會分歧為「偵測到原子核衰變的世界」和「沒有偵測到原子核衰變的世界」。

在偵測放射線之前，「原子核已經衰變的世界」和「原子核沒有衰變的世界」不但共存著，並且互相干涉。但是在偵測之後，兩個世界再也無法互相干涉，切斷了關聯性。這稱為「世界已經分歧了」。在這個狀況下，**雖然切斷了關聯性，但兩個世界看起來仍是並列著，因此稱為「多世界詮釋」。**

多世界詮釋所說的「世界」，不僅僅是原子核和觀測裝置，也包括人類及宇宙中的一切東西，時時刻刻都在分歧，成為無數個平行世界（parallel world）。

多世界詮釋是非常大膽的想法，但能巧妙迴避哥本哈根詮釋無法圓滿說明的「狀態消失」問題，成為理論上沒有矛盾的詮釋。

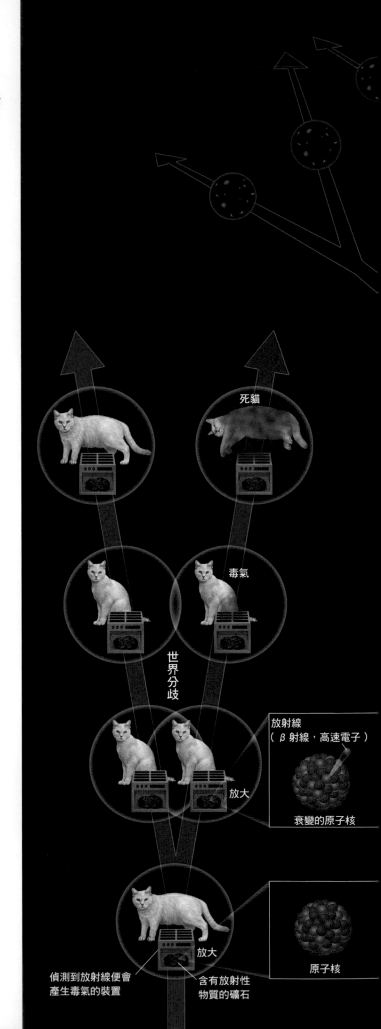

死貓

毒氣

世界分歧

放射線
（β射線，高速電子）

衰變的原子核

放大

偵測到放射線便會產生毒氣的裝置

含有放射性物質的礦石

放大

原子核

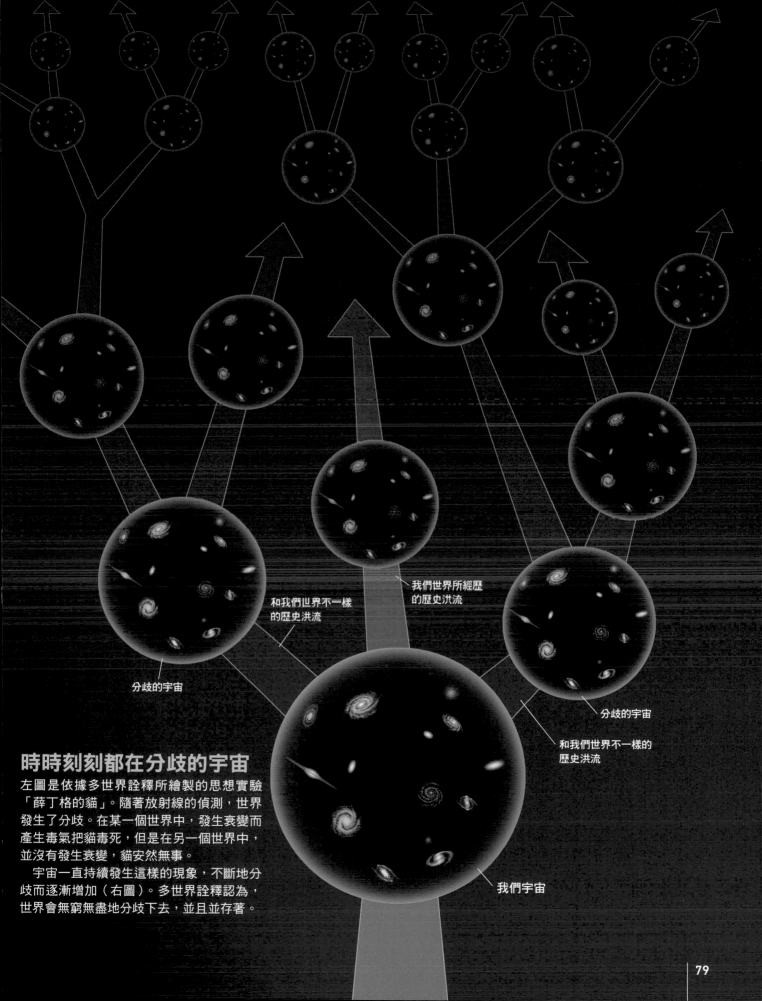

和我們世界不一樣
的歷史洪流

我們世界所經歷
的歷史洪流

分歧的宇宙

分歧的宇宙

和我們世界不一樣的
歷史洪流

時時刻刻都在分歧的宇宙

左圖是依據多世界詮釋所繪製的思想實驗
「薛丁格的貓」。隨著放射線的偵測，世界
發生了分歧。在某一個世界中，發生衰變而
產生毒氣把貓毒死，但是在另一個世界中，
並沒有發生衰變，貓安然無事。

　　宇宙一直持續發生這樣的現象，不斷地分
歧而逐漸增加（右圖）。多世界詮釋認為，
世界會無窮無盡地分歧下去，並且並存著。

我們宇宙

微觀世界中無法同時確定位置和速度

根據量子論，呈現電子等微觀粒子的波在尚未被觀測前，散布在各處。**這代表在觀測前的位置尚未確定（不準量）。**也可以說其「位置在變動中」。

依照日常生活的直覺，「物體在某個瞬間的位置是確定的」乃理所當然的事情。不論你有沒有看到它，桌上的鉛筆應該都會在那裡。也就是說，巨觀物體無論有沒有進行觀測，位置都是確定的。事實上，在量子論出現之前的物理學也都這樣認為。

在進行觀測前，不僅是位置，**就連運動狀態（以「質量×速度」來表示的「動量」）也在變動中。**這個位置的變動和運動狀態的變動之間，具有關聯性。**如果把電子位置的變動減小，運動狀態的變動就會增大**[※1]。舉例來說，若把電子封閉在小小的箱子裡，這麼一來，電子應該在這個小箱子裡的某個地方，所以位置的變動（不確定度）就會變小。但是在這個狀況下，電子會以多快的速度朝哪個方向移動的不確定度就會變大[※2]。

把電子位置和運動狀態兩者變動的關係用不等式表示，稱為**「測不準原理」（uncertainty principle）**或「不準量關係式」。根據測不準原理，不可能會有位置和運動狀態兩者同時確定的狀態（不確定度為0）存在。微觀世界是被變動所支配著的。　　🪐

※1：反之也成立，越是減小運動狀態的變動（動量的不確定度），則位置的變動（位置的不確定度）會越大。
※2：與位置的變動一樣，並非單指運動狀態「變得不可知」。一個粒子會同時處於各式各樣的運動狀態（動量）。只是像「在X狀態被發現的機率為10%，在Y狀態被發現的機率為5%，……」，它會在哪一個狀態被發現的機率通常並不同。

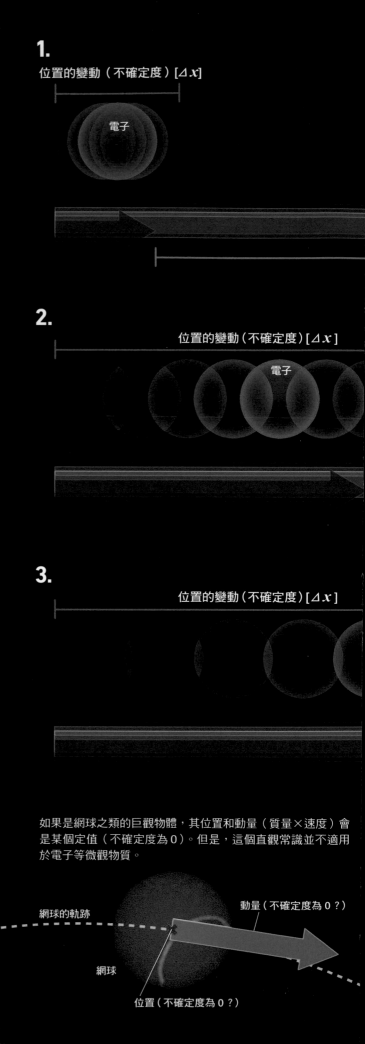

1.
位置的變動（不確定度）[Δx]
電子

2.
位置的變動（不確定度）[Δx]
電子

3.
位置的變動（不確定度）[Δx]

如果是網球之類的巨觀物體，其位置和動量（質量×速度）會是某個定值（不確定度為0）。但是，這個直觀常識並不適用於電子等微觀物質。

網球的軌跡
動量（不確定度為0？）
網球
位置（不確定度為0？）

何謂測不準原理？

電子的位置變動（Δx）和動量（質量×速度，以箭頭呈現）變動（Δp）的關係示意圖。如果想要減小位置的變動，則動量的變動會增大（**1**）。反之，如果想要減小動量的變動，則位置的變動會增大（**2** 和 **3**）。位置和動量兩者變動之間的關係，可用以下的不等式來表示，稱為「測不準原理」或「不準量關係式」。

動量的變動（不確定度）[Δp]

動量的變動（不確定度）[Δp]

電子

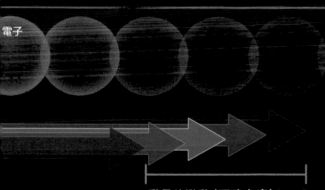

動量的變動（不確定度）[Δp]

測不準原理

$$\Delta x \times \Delta p \geq \frac{\hbar}{2}$$

位置的變動　　動量的變動

註：$\hbar$ 為普朗克常數 h 除以 2π 的值。

真空中的「某物」

所謂真空，是指拿掉一切物質的空間。聽到這句話，或許你會以為真空就是「什麼都沒有的空蕩蕩一片」！但是根據現代物理學，乍看之下空無一物的空間，其實充滿了各式各樣的東西，成為自然界各種機制的基礎。例如，使萬物具有「質量」的「希格斯玻色子」就是其中之一。第4章將進一步探究真空，揭開它的神祕面紗。

協助　橋本省二／佐佐木真人／藤井惠介／橋本幸士／諸井健夫

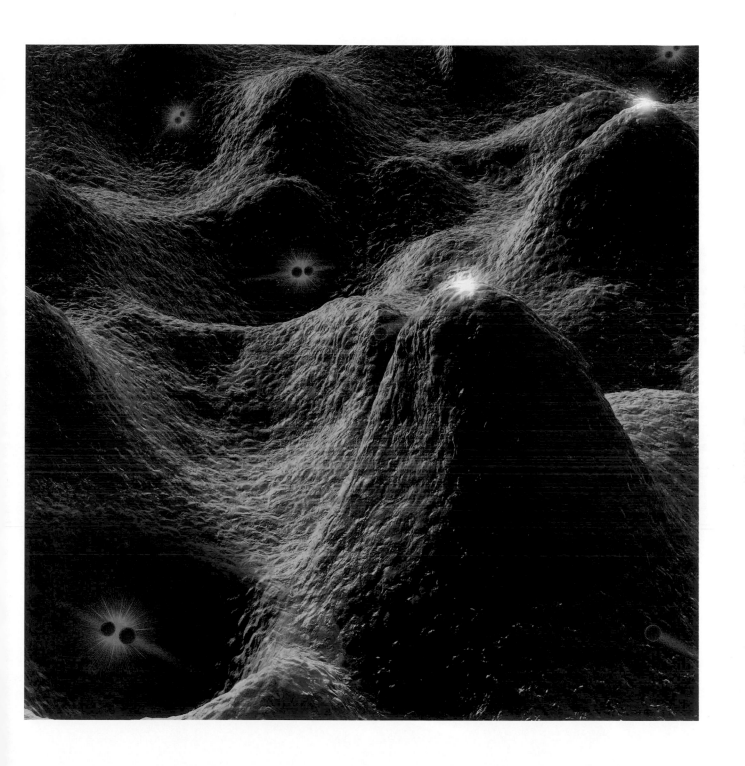

即使是沒有物質的宇宙空間，
其中仍充滿了光

宇宙中有一種稱為「空洞」（void）的空白區域，直徑廣達數億光年，裡頭既沒有恆星也沒有星系。這個地方是宇宙中物質最少的空間，可能每 1 立方公尺只有 1 個原子存在。但

事實上，即使是如此空蕩的宇宙空間，也還是有許多「光」在四處飛竄。

你能看見東西，只是因為有光進入你的眼中，而從眼前橫越而過的光，肉眼無法看見。即使是

只有稀微星光而幾近完全黑暗的宇宙空間裡，也會有宇宙裡無數恆星及星系等天體放出的光往來飛竄其中。

此外，天體放出的光，不是只有肉眼看得到的光（可見光），

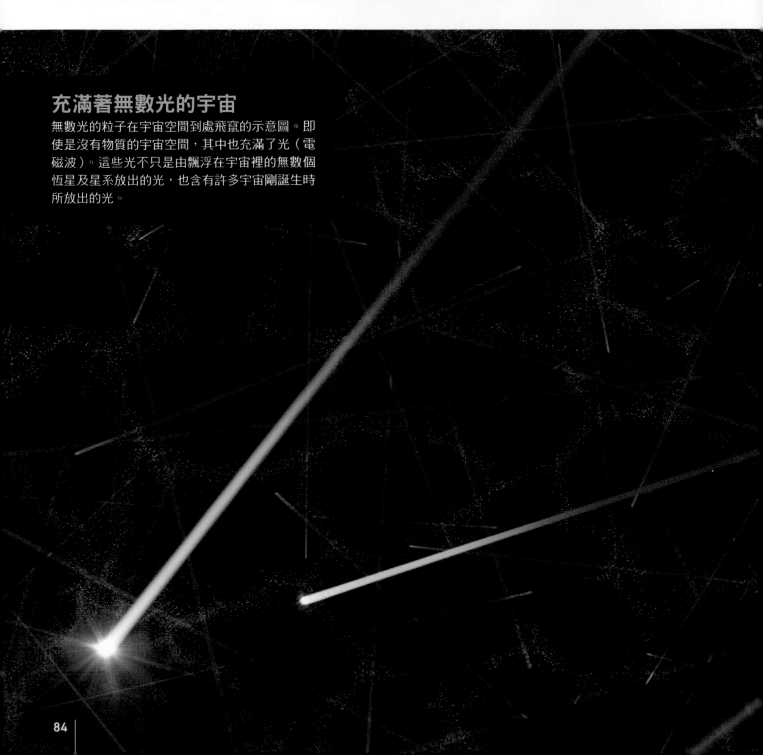

充滿著無數光的宇宙

無數光的粒子在宇宙空間到處飛竄的示意圖。即使是沒有物質的宇宙空間，其中也充滿了光（電磁波）。這些光不只是由飄浮在宇宙裡的無數個恆星及星系放出的光，也含有許多宇宙剛誕生時所放出的光。

也會放出無線電波、紅外線、X射線、γ射線等等肉眼看不見的光（電磁波）。在真空的宇宙空間中四處飛竄的光，也包含了這樣的電磁波。

宇宙剛誕生時的光，直到現在仍充滿其中

充滿宇宙中的不僅有來自天體的光，宇宙剛誕生時所放出的光，也仍在到處飛竄。

根據推估，宇宙是在距今大約138億年前誕生。當時的宇宙處於有如炙熱火球的狀態，充滿著光。這些光的殘餘，至今仍然在宇宙空間中飄盪著，稱之為「宇宙背景輻射」，其波長隨著宇宙的膨脹而逐漸拉長，現在已經成為微波（無線電波的一種），因此現在稱為「宇宙微波背景輻射」（cosmic microwave background radiation）。

在宇宙空間中，每 1 立方公分大約有410個宇宙背景輻射的粒子（光子）。由此可知，即使是沒有物質的宇宙空間，其中也充滿了光。

光的粒子
（光子）

能從雲際看見光帶的原因

有時候，我們會從窗戶或雲隙間看到光線如同緞帶般灑落下來的景象。能看到光帶，是因為光照射在浮遊於空中的微塵和水滴等物體上，發生了朝四面八方反射的「漫射」現象。在光的行進路線上，處處都會發生漫射，偶然之間，有些光改變了行進方向，轉而朝你所在位置的方向照射過來，所看到的路線，也就是光帶。空間裡沒有任何物質存在的真空，並不會發生漫射，因此，只要不是朝你所在位置行進的光，無論有多強，都無法看到它的路線。

微塵

微塵所漫射的光

為什麼光能在真空中傳送？

我們能看到夜空中遠方恆星所發出的光芒，是因為光能在真空的宇宙空間中傳送的緣故。事實上，為什麼光能在沒有任何物質的真空中傳送，曾經是一個大謎題。

物體落水時，水面會振動，形成水波往周圍傳播開來。由於科學家知道光具有這種波的性質，

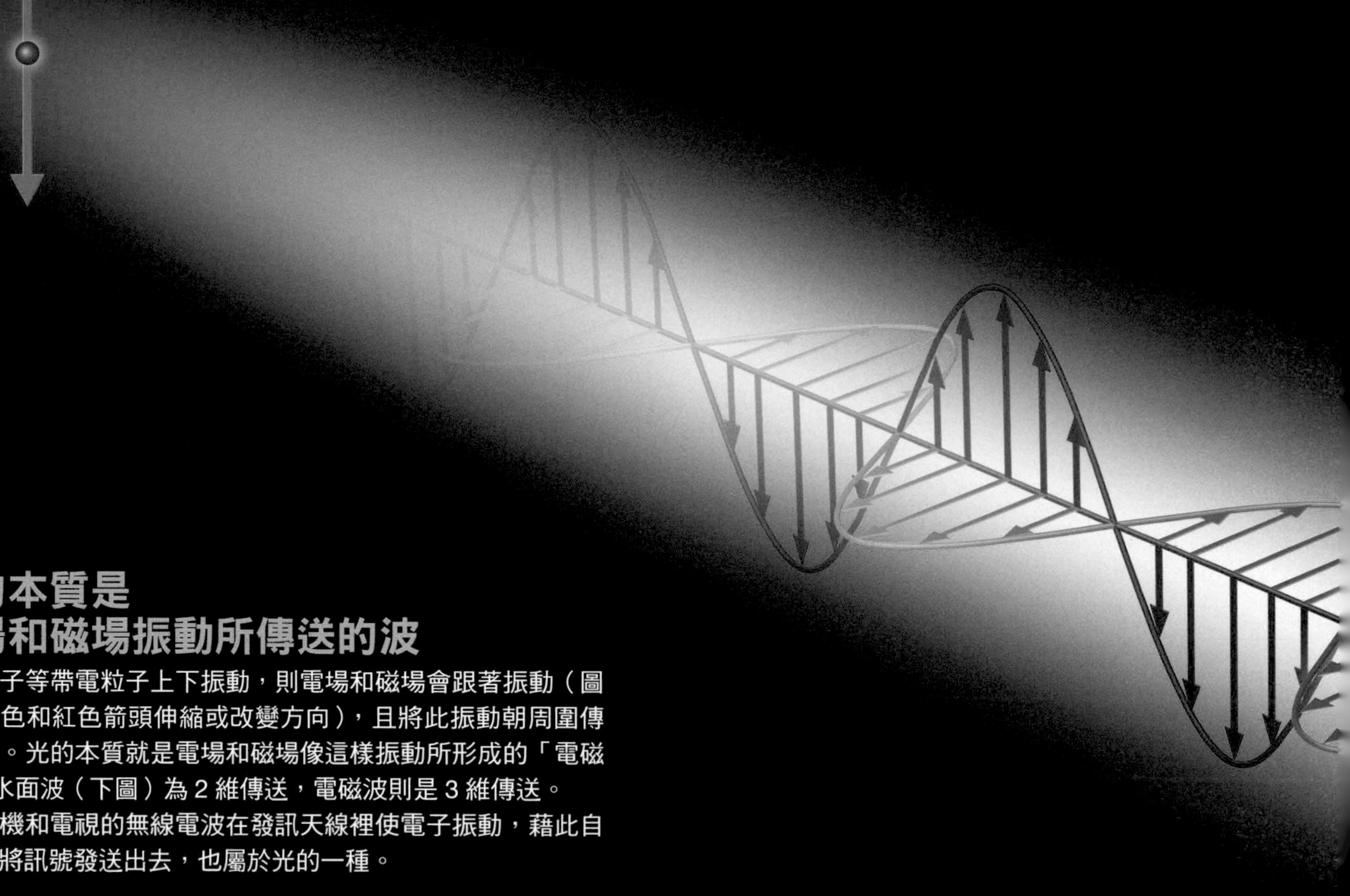

電子的振動

光的本質是
電場和磁場振動所傳送的波

如果電子等帶電粒子上下振動，則電場和磁場會跟著振動（圖中的藍色和紅色箭頭伸縮或改變方向），且將此振動朝周圍傳送出去。光的本質就是電場和磁場像這樣振動所形成的「電磁波」。水面波（下圖）為 2 維傳送，電磁波則是 3 維傳送。

收音機和電視的無線電波在發訊天線裡使電子振動，藉此自發訊站將訊號發送出去，也屬於光的一種。

如有物體掉落水上，則水面會產生波動，
朝周圍傳送同心圓狀的波

所以有人設想在宇宙空間允滿傳送光波的「未知物質」，並且將之暫且稱為「乙太」（ether）。

「場」在真空中也會傳送

但是，反覆進行實驗之後，逐漸明白乙太之類的未知物質並不存在。光的傳送並非經由乙太之類的某種「物質」，而是藉助真空中「場」（field）的振動。光是靠「磁場」和「電場」來傳送。也由於這樣的機制，光才稱為「電磁波」。

物體落在平靜的水面上，水面會上下振動，形成水波朝周圍傳送出去。磁場和電場就像水面一樣，如果帶有負電荷的電子在原子裡「振動」，則電子周圍的電場也會跟著振動。

電場和磁場具有密切的關係，所以電場一振動，磁場也會跟著振動。這麼一來，這個磁場的振動又會引發新的電場振動。就這樣，電場和磁場一旦開始振動，就會將此振動朝周圍無遠弗屆地傳送出去。這個現象就是電磁波，亦即光的真相。

電場和磁場於真空中也能存在，而光是藉助電場和磁場振動而傳送的波，所以光波在真空的宇宙空間也能傳送。我們能夠欣賞夜空的美麗星空，正是因為電場和磁場能於真空中存在。

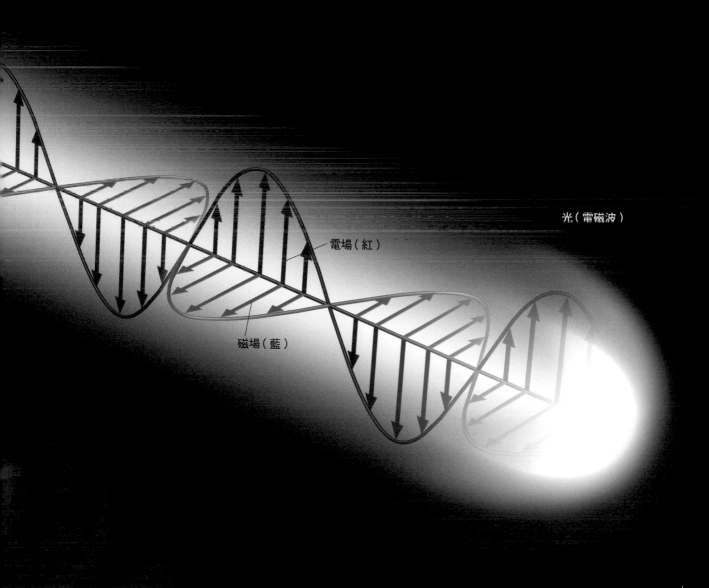

光（電磁波）

電場（紅）

磁場（藍）

暗物質

真空宇宙中存在看不到的大量未知物質

你我身體也好，或是空氣、恆星也罷，一切物質都是由原子所構成。然而科學家認為，即使把宇宙中的普通物質全部拿掉，也還有大量由原子以外的某種東西所構成的未知物質存在。但由於我們看不到，因此將之稱為「暗物質」（dark matter）。

之所以看不到暗物質，乃因為它不發光。它不僅不吸收人眼能夠看到的可見光，就連無線電波、X射線等等一切的電磁波，它都不吸收也不放射。因此，無法利用電磁波去偵測暗物質。而且，它也幾乎不和普通物質發生碰撞。

暗物質具有重量，會發揮重力的作用

既然完全看不到暗物質，為什麼科學家會認為「有」這種東西存在呢？事實上，暗物質具有重量（質量），會對周圍發揮重力的作用。例如，星系聚集而成的星系團，可以依據各個星系的運動速度等資料，來推估整個星系團的質量。但是，光憑肉眼可見的物質，並不符合整個估算出來的星系團總質量。因此科學家才會推測，可能有某種看不到的物質，亦即暗物質，分布在星系團裡面。

根據宇宙的觀測資料等等，推估暗物質在整個宇宙中，總質量為普通物質總質量的5～6倍。目前並不清楚 1 個暗物質粒子的質量有多大，不過據說是質子的100倍以上。假設真是這樣，則在地球周圍每 1 立方公尺大約會有3000個暗物質粒子存在。也就是說，即使把空間裡的普通物質全部拿掉，仍然有大量的暗物質殘留著。

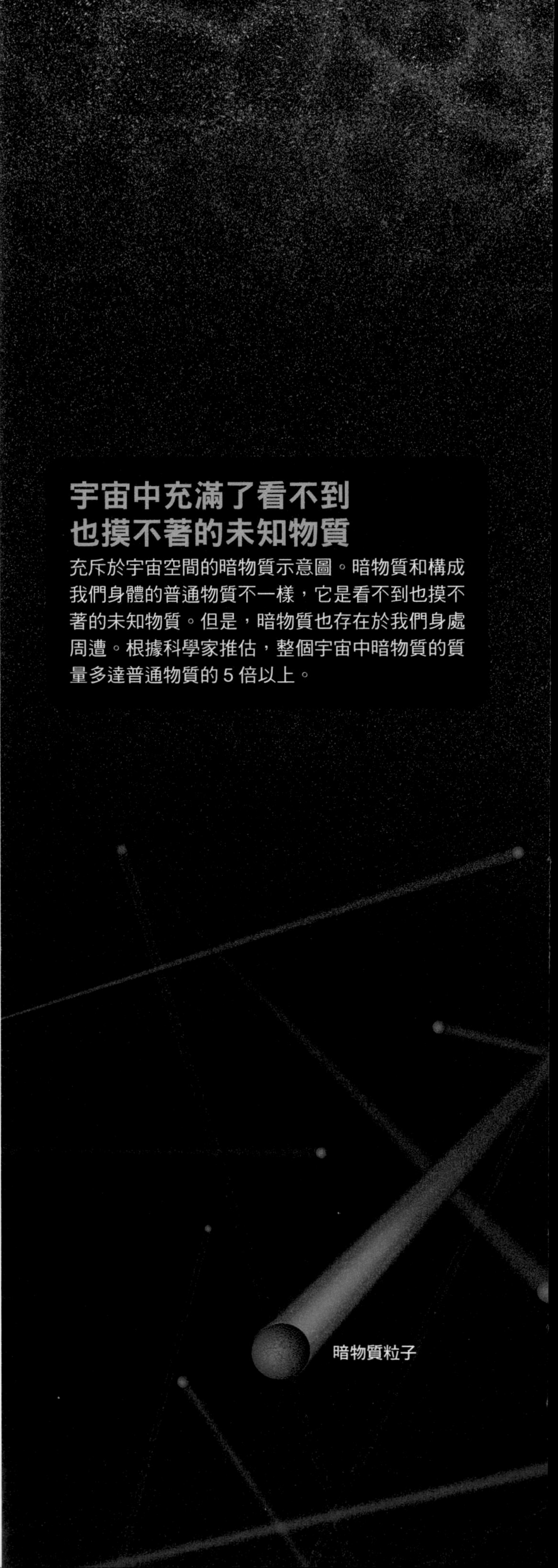

宇宙中充滿了看不到也摸不著的未知物質

充斥於宇宙空間的暗物質示意圖。暗物質和構成我們身體的普通物質不一樣，它是看不到也摸不著的未知物質。但是，暗物質也存在於我們身處周遭。根據科學家推估，整個宇宙中暗物質的質量多達普通物質的 5 倍以上。

暗物質粒子

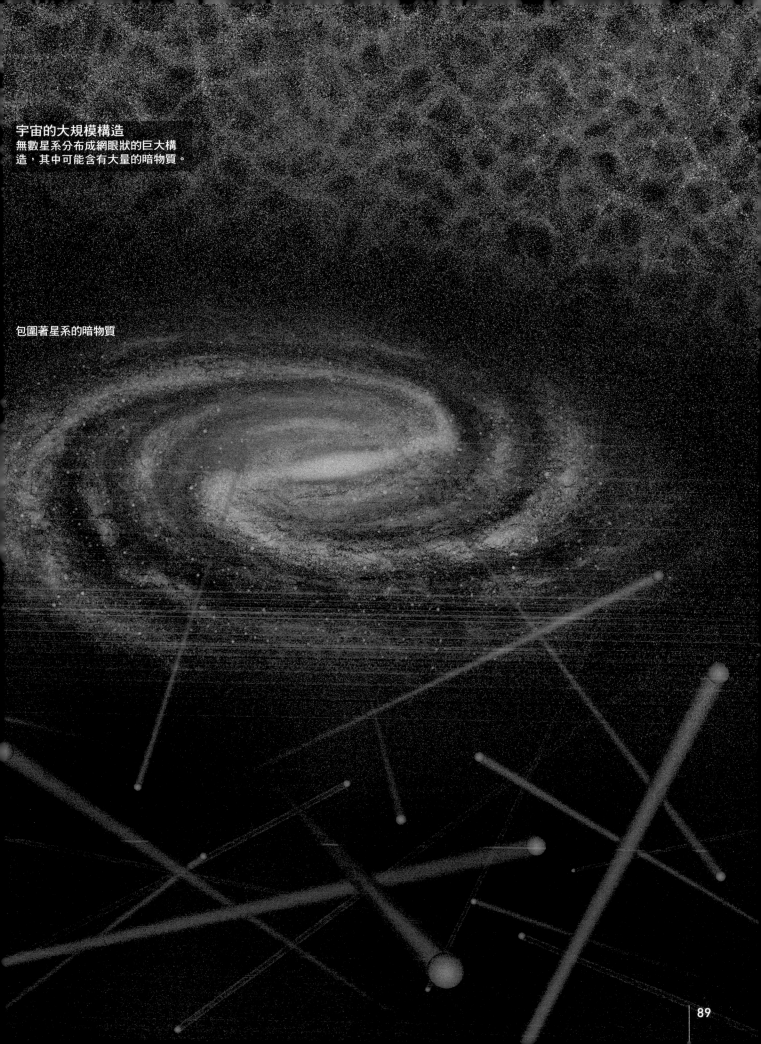

宇宙的大規模構造
無數星系分布成網眼狀的巨大構造，其中可能含有大量的暗物質。

包圍著星系的暗物質

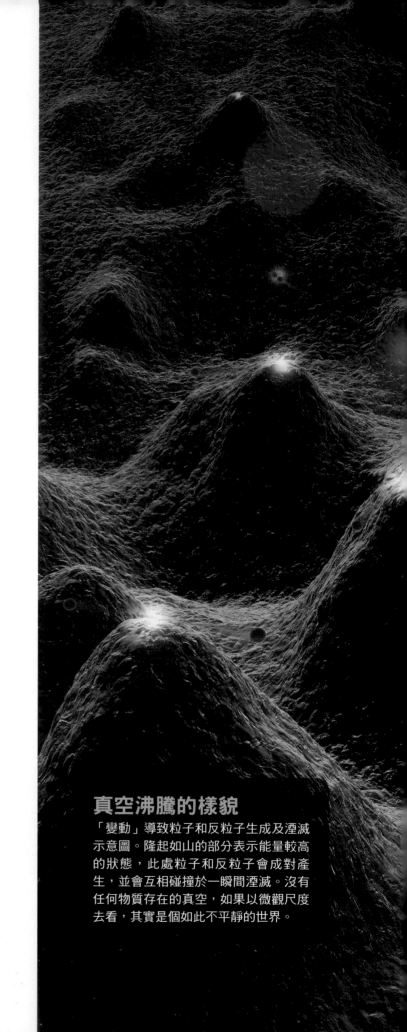

粒子在真空中會瞬間成對生成與湮滅！

假設我們把箱子裡的所有物質都拿掉，製造一個連光和暗物質都沒有的完全真空。但是，把這樣的「無」之空間放大到微觀世界的尺度來看，將會發現令人驚訝的景象。理應空無一物的空間裡，竟然有粒子在極短的時間內出現又消失。

根據微觀世界的「量子論」，即使是完全的真空，若以微觀的觀點去看，其中也充滿了「變動」。由於這個變動，真空不是處於「完全的真空」，而是不斷地有粒子和反粒子（antiparticle，電荷正負與原來粒子相反，但質量等其他性質則與原來粒子相同）在瞬間成對產生（對生成），又立刻成對消滅（對湮滅）。

無法觀測到變動所湧現的粒子

變動增大的瞬間，代表它是能量較高的狀態，因此在這個瞬間，會從這個能量產生成對的粒子和反粒子。產生的粒子能量（質量）越大，會在越短的時間內消失。這是從稱為「測不準原理」的微觀世界「規則」推導而來的結果。事實上，這些在瞬間對生成又對湮滅的粒子和普通粒子不一樣，是無法直接觀測到的，因此稱為「虛擬粒子」（virtual particle）。

像這樣，由於無數個粒子和反粒子在極短瞬間出現旋即消失，使得真空呈現宛如沸騰的狀態。這就是現代物理學探索出來的真空面貌。

真空沸騰的樣貌

「變動」導致粒子和反粒子生成及湮滅示意圖。隆起如山的部分表示能量較高的狀態，此處粒子和反粒子會成對產生，並會互相碰撞於一瞬間湮滅。沒有任何物質存在的真空，如果以微觀尺度去看，其實是個如此不平靜的世界。

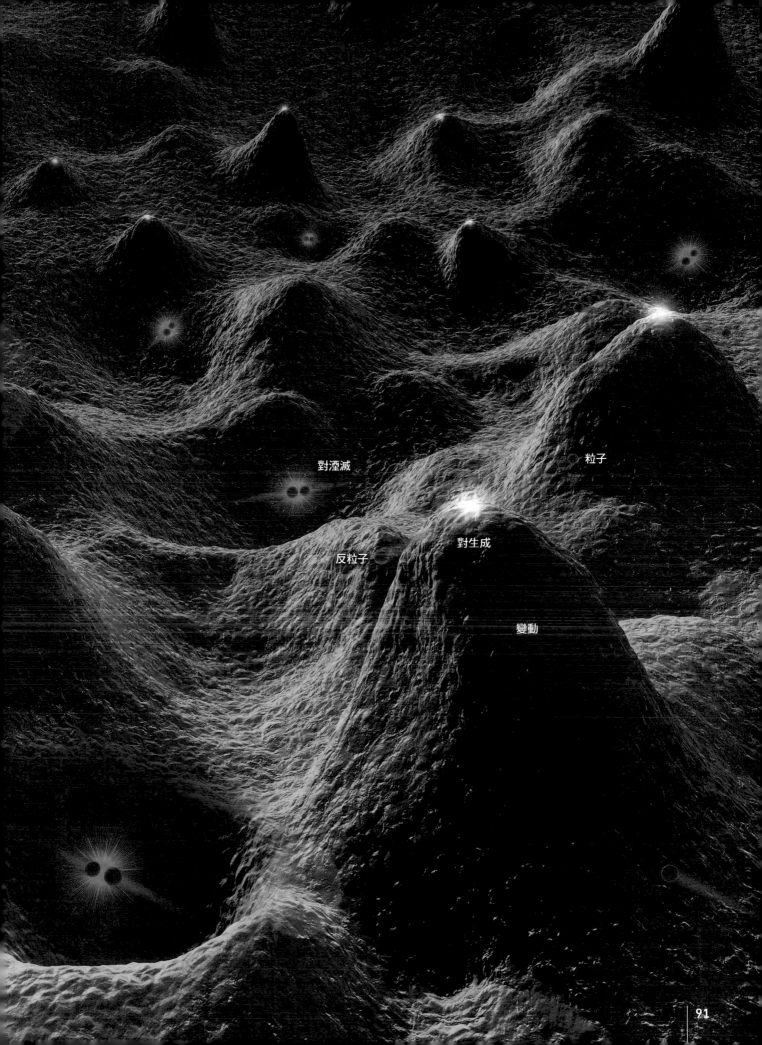

對湮滅

粒子

反粒子

對生成

變動

質子內部是過度
密集的真空！？

觀察原子內部，可以發現中央有一個原子核，其周圍有電子在飛馳運行，原子核和電子之間的區域則是一片「真空」（第46頁）。原子核是由質子和中子所構成，那麼，質子和中子內側又是長什麼樣子呢？

質子和中子都是由 3 個稱為「夸克」（quark）的基本粒子所構成。夸克本身和電子一樣，可視為是大小為 0 的點狀粒子，所以質子和中子裡亦幾近空無一物，也可說是某種「真空」。

不過，這個「真空」裡面有無數虛擬粒子不斷地生成又湮滅。奇妙的是，儘管這是個無數虛擬粒子擠在一起的「過度密集空間」，但因虛擬粒子是只有在「測不準原理」範圍內才存在的虛幻粒子，所以仍然可說是「真空」。這樣聽起來似乎在詭辯，但正因為有這些粒子，原子核才得以保持形狀。

根據基本粒子物理學的理論「量子色動力學」（quantum chromodynamics），夸克會不停放出、吸收「膠子」（gluon）這種虛擬粒子。而膠子會反覆地轉化為成對的夸克和反夸克，然後又回復為膠子。順帶一提，「反夸克」是一種「反粒子」，攜帶的電荷和夸克相反。

其實，我們已經從理論上得知，膠子的這種行為具有類似黏膠的效果。質子和中子裡面的 3 個夸克是藉由「強力」結合在一起，而強力便是藉由膠子的作用而產生。

質子內充滿了虛擬粒子

氫原子中心處擁有 1 個質子，為其原子核。質子內擁有 2 個上夸克和 1 個下夸克。

而事實上，質子內可能還有許多虛擬粒子生成又湮滅。膠子和夸克、反夸克對是藉由「量子變動」而產生的捉摸不定粒子。由於它們是在一瞬間出現又立刻湮滅，因此平均來看，可以視為質子內只有 2 個上夸克和 1 個下夸克。中子內同樣也有膠子和夸克、反夸克對的生成和湮滅。

下夸克

上夸克

上夸克

質子
電子 （氫原子核）

質子內部（只畫出代表性的粒子）
質子由 2 個上夸克和 1 個下夸克構成。

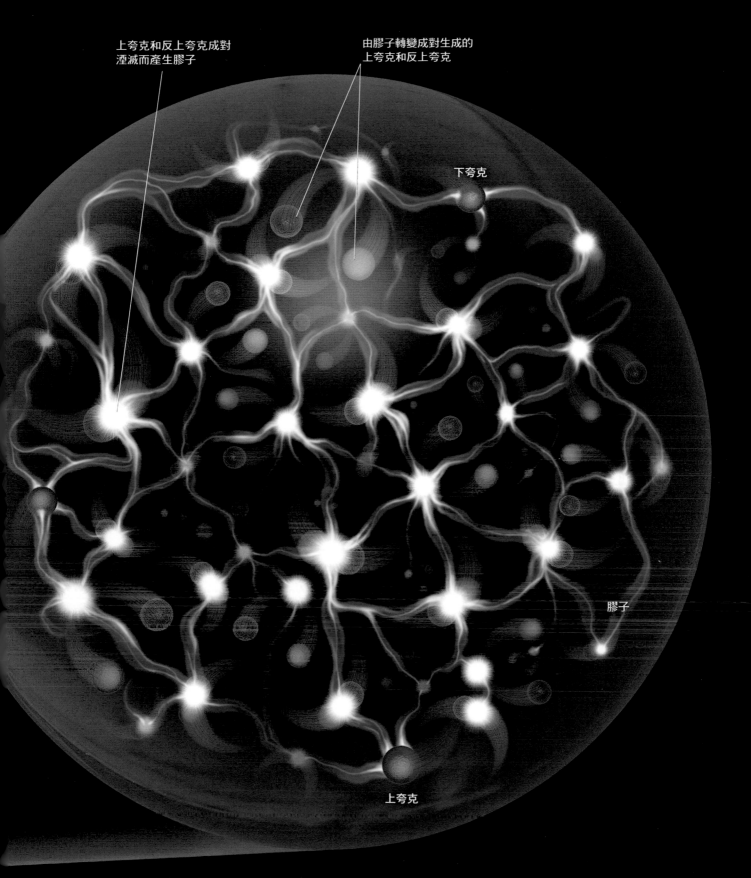

上夸克和反上夸克成對
湮滅而產生膠子

由膠子轉變成對生成的
上夸克和反上夸克

下夸克

膠子

上夸克

質子內部（擠滿虛擬粒子之示意圖）

質子內不只擁有 2 個上夸克和 1 個下夸克，還有無數的虛擬粒子不斷地生成又湮滅。在上夸克和下夸克之間，有稱為膠子的粒子飛馳其中，把上夸克和下夸克連結在一起，使其不致散掉。又因膠子會傳達把夸克連結在一起的「強力」，所以圖中畫成串連夸克的帶狀物。此外，膠子會反覆地轉變成夸克・反夸克對（對生成）又回復成膠子（夸克・反夸克的對湮滅）。如果能夠直接觀測到這個景象的話，看起來會是個過度密集的狀態，讓人完全無法聯想到真空！

真空中的 2 片金屬板會自行靠近！

「**其**」實真空具有能量」這個主張乃源自愛因斯坦和史特恩（Otto Stern，1888～1969）於1913年從理論上預言的「零點能量」（zero point energy）。即使把真空裡的光完全祛除，**真空中還是會留殘稱為「零點振動」（zero point vibration）的特殊「光」（電磁場的振動）**。因為根據微觀世界的「量子論」，電磁場的振動無法完全歸零，無論如何都會殘留著微小的變動（零點振動）。也是因為有這樣的「光」，才使得真空具有能量。

事實上，已經藉由實驗確定這個不可思議的「真空能量」真的存在。在真空中，把 2 片金屬板隔著極短距離放著。這麼一來，金屬板便會自行互相靠近。這個現象稱為「卡西米爾效應」（Casimir effect），是荷蘭物理學家卡西米爾（Hendrik Casimir，1909～2000）於1948年所做的預言。

這時的「卡西米爾力」（Casimir force）是如何產生的呢？剛才提到，真空中有特殊的「光」存在。但在金屬板之間，則依其間距寬窄，只有特定頻率的「光」（駐波）才能存在。這和小提琴的弦只會做特定頻率的振動十分相似。也就是說，即使是體積完全相同的空間，有否遭金屬板夾著，會成為不同的狀態。如果把前後兩種狀態的真空能量差異做理論上的計算，便可推導出金屬板上有引力在作用，這個力就是卡西米爾力。金屬板的間距越狹窄，這個力越急遽增大。

如果真空中沒有能量存在，**卡西米爾效應就不會發生。但由於此效應已經藉由實驗獲致證實，所以顯示真空中確有能量存在**[※]。

※：如果把光的真空能量描繪成粒子的形象，則虛擬光子（傳達電磁力的基本粒子）會造成虛擬電子和虛擬正電子的對生成及對湮滅。卡西米爾效應便是藉由這項實驗，把無法直接看到的虛擬粒子之對生成・對湮滅微觀現象，以金屬板互相吸引靠近的巨觀現象呈現出來。

證實真空能量存在的「卡西米爾效應」

即使把 2 片金屬板之間的靜電完全消除，仍然會產生使金屬板互相靠近的引力（卡西米爾力）。金屬板之間只有特定頻率的「光」能夠存在。因此，看起來好像有引力作用在金屬板上。

卡西米爾力是非常微弱的力，所以必須把金屬板擺放到極為貼近卻又不互相碰觸的距離，才能偵測到它的存在。因此，一直到1997年才實際偵測到卡西米爾力，距卡西米爾提出此效應的預言已經過了大約50年。

例如，當金屬板間距縮小到10奈米（奈為10億分之 1）時，卡西米爾力的大小也才 1 大氣壓的程度而已。順帶一提，此時在金屬板之間也有萬有引力在作用，但遠比卡西米爾力微弱許多，可以忽略不計。

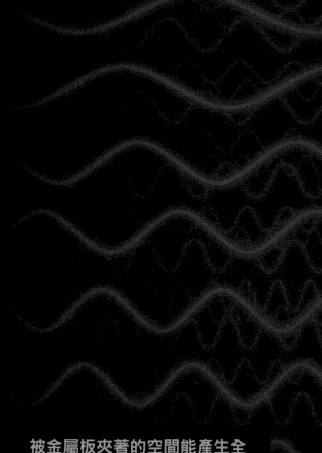

被金屬板夾著的空間能產生全部波長的「光」

即使是相同體積的空間，如果沒有金屬板夾著，則全部波長的「光」（零點振動）都能存在。光的波長與頻率具有反比關係，因此，這裡有全部波長的「光」，即意味著這裡有全部頻率的光。

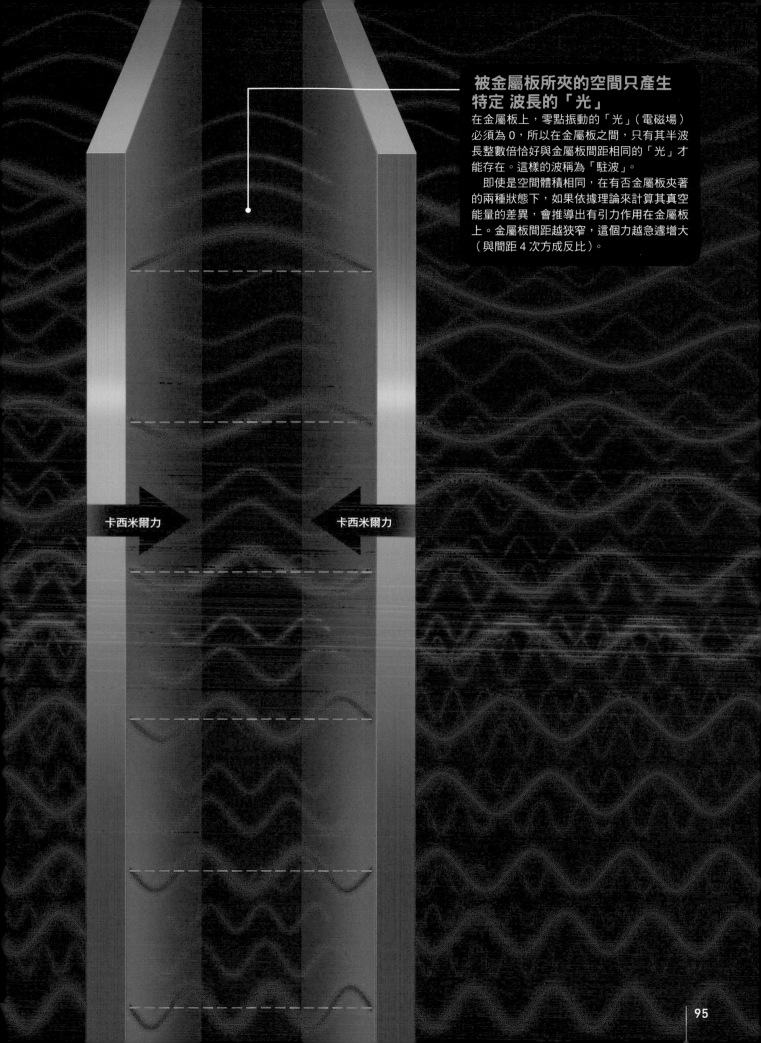

**被金屬板所夾的空間只產生
特定 波長的「光」**

在金屬板上，零點振動的「光」（電磁場）
必須為 0，所以在金屬板之間，只有其半波
長整數倍恰好與金屬板間距相同的「光」才
能存在。這樣的波稱為「駐波」。

即使是空間體積相同，在有否金屬板夾著
的兩種狀態下，如果依據理論來計算其真空
能量的差異，會推導出有引力作用在金屬板
上。金屬板間距越狹窄，這個力越急遽增大
（與間距 4 次方成反比）。

卡西米爾力

卡西米爾力

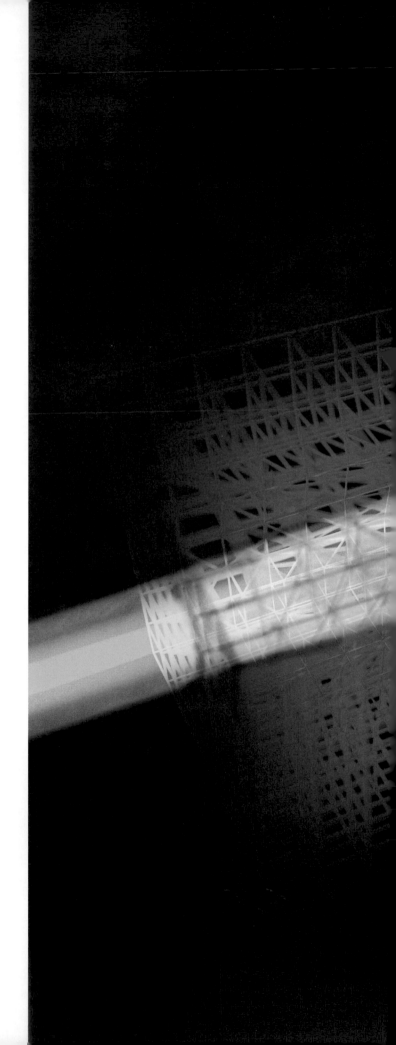

真空中充滿宛如麥芽糖的「某物」

根據基本粒子物理學，真空中除了生成又湮滅的虛擬粒子之外，還充滿著其他的東西，這就是「希格斯場」（Higgs field）。

希格斯場的存在，早在1964年就由希格斯（Peter Ware Higgs，1929～）等人依據理論提出預言，但一直到40多年後的2013年，才經由基本粒子的實驗得以確證。科學家使用瑞士日內瓦郊外的實驗設施「大型強子對撞機」（Large Hadron Collider，LHC），利用質子（氫原子核）相互對撞產生的能量，從希格斯場撞擊出「希格斯玻色子」（Higgs boson）這種基本粒子。希格斯等人因此在2013年獲頒諾貝爾物理學獎，由於新聞媒體大篇幅地報導，可能有許多人聽過他的大名吧！那麼，所謂的希格斯場究竟是什麼呢？

「希格斯場」會拖慢粒子的行動

光在真空中行進的速度為秒速30萬公里左右，這是自然界的最高速度。任何東西的行進速度都無法超越光速。光以外的絕大多數基本粒子都會被充滿於空間的「某物」拖慢速度。這個「某物」就是希格斯場。

希格斯場就好像填滿空間的麥芽糖一樣。除了極少數基本粒子之外，幾乎所有基本粒子都會受到這個宛如麥芽糖般之希格斯場的「阻力」而行動變慢。受到「阻力」的難易度依基本粒子的種類而有所不同，越容易受到「阻力」的基本粒子就越容易變得「行動困難」。這個行動的難易度，就是基本粒子所具之「質量」的本質。也就是說，希格斯場具有「把質量給予基本粒子」的作用。

受到希格斯場「阻力」的基本粒子

基本粒子在希格斯場邊受「阻力」邊行進之示意圖。以變形的格子來表現受到「阻力」的模樣。光子（光的基本粒子）以外絕大多數的基本粒子，都會承受希格斯場的「阻力」而難以行進。希格斯場便是藉此來使基本粒子具有「質量」。無論是真空的宇宙，或者是分子之間的「真空」，甚至原子的內部，一切空間都充滿了希格斯場。

宇宙剛誕生時，希格斯場發生劇烈的變化

科學家認為在剛誕生的宇宙中，所有的基本粒子其實都是以自然界最高速度的光速飛行奔竄。這時宇宙的體積非常小，溫度卻非常高。在這樣的環境下，希格斯場並未像現行狀況這樣運作，基本粒子也沒有受到希格斯場的阻力，因此所有基本粒子都以光速飛行前進。

後來宇宙逐漸膨脹並冷卻，到了某個時期，希格斯場的狀態突然轉變，成為麥芽糖般的狀態。此時除了少部分基本粒子，絕大多數都「產生了」質量。後來，夸克集結而構成質子和中子，經過大約37萬年後，宇宙進一步冷卻，減速的電子和質子之間產生電的引力作用而構成氫原子。

希格斯場在宇宙剛誕生時可能曾經發生的變化稱為「相變」（phase transition）※。這是指類似水冷卻結冰這種因環境而改變狀態的現象。

磁場和電場可以用具有方向和大小的箭頭（向量）來表示。但是，希格斯場只具有大小，可以用「0」和「1」等數值來表示（參照下圖）。在充滿高能量的初期宇宙（真空）裡面，希格斯場的值為0，因此所有基本粒子都不會受到希格斯場的阻力，而能以光速四處飛行。後來發生「相變」，希格斯場的值改變了，使得各種基本粒子受到不同程度的阻力。

※：宇宙初期可能至少發生過4次真空相變。希格斯場的轉變是第3次相變。第4次相變則發生夸克轉變成質子和中子的現象。詳見第112頁。

希格斯場類似「氣壓分布圖」

磁場和電場是類似天氣預報中風力分布圖的「向量場」（vector field），以「大小」和「方向」（箭頭）來表示。另一方面，氣壓分布圖則是在各個地方用一個數值來表示，例如1000毫巴、950毫巴等等。這樣的場稱為「純量場」（scalar field）。

希格斯場與這種氣壓分布圖相似，某個地方的狀態可以用一個數值來表示。不過，希格斯場在宇宙的任何地方都是相同數值的純量場，因此，比氣壓分布圖更單純。電子在地球上也好，在隔壁的星系也罷，受到的希格斯場「阻力」都相同。這代表電子質量數值在宇宙中的任何地方都相同。

氣壓分布圖是「純量圖」

風力分布圖是「向量圖」

希格斯場為「0」的宇宙
所有基本粒子都不受希格斯場的影響，以光速飛行。

成為希格斯玻色子
根源的基本粒子

希格斯場產生變化的宇宙
希格斯場產生變化之後，和各種基本粒子發生交互作用，使得基本粒子開始減速。

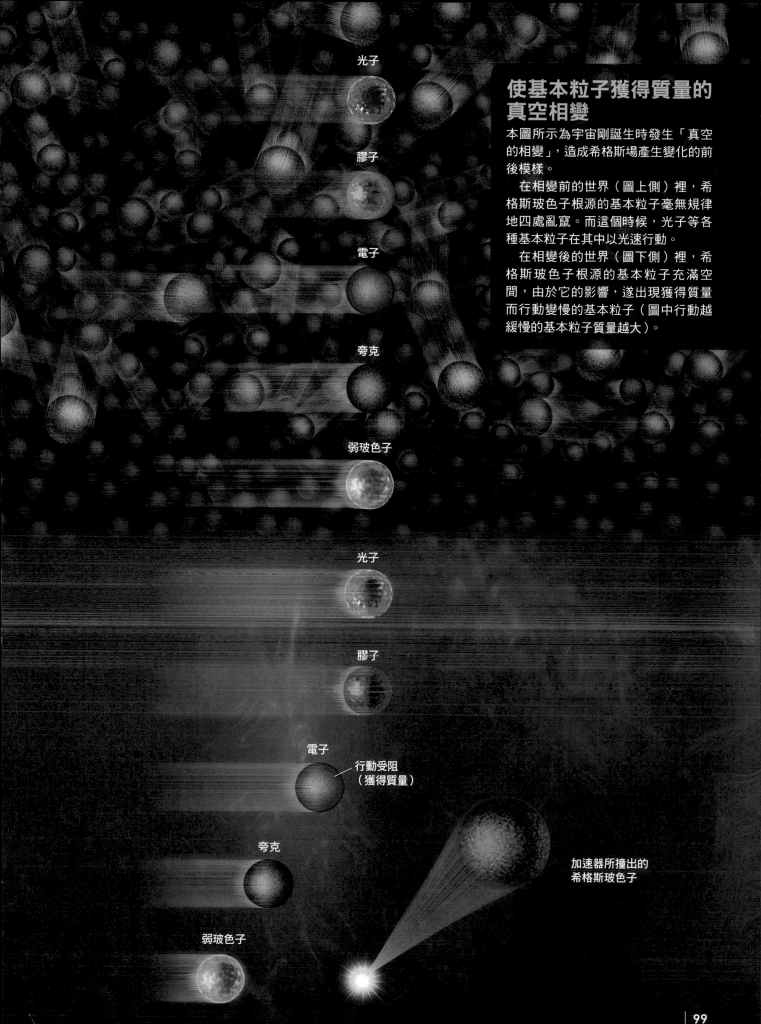

光子

膠子

電子

夸克

弱玻色子

使基本粒子獲得質量的真空相變

本圖所示為宇宙剛誕生時發生「真空的相變」，造成希格斯場產生變化的前後模樣。

在相變前的世界（圖上側）裡，希格斯玻色子根源的基本粒子毫無規律地四處亂竄。而這個時候，光子等各種基本粒子在其中以光速行動。

在相變後的世界（圖下側）裡，希格斯玻色子根源的基本粒子充滿空間，由於它的影響，遂出現獲得質量而行動變慢的基本粒子（圖中行動越緩慢的基本粒子質量越大）。

光子

膠子

電子 — 行動受阻（獲得質量）

夸克

加速器所撞出的希格斯玻色子

弱玻色子

空蕩蕩的「無」之空間也會扭曲、波動！

截至目前為止，我們一直在探討空蕩蕩空間（也就是真空）中令人驚詫的樣貌。現在改變一下視角，把目光放在空蕩蕩的空間本身。

英國物理學家牛頓認為空間是絕對的，「不受任何影響，永遠保持靜止」。

但是，愛因斯坦在探討重力本質的過程中，卻把人們原本認為牛頓對空間的看法是理所當然的這件事，完全推翻了。

太陽和地球等天體的周圍會產生重力。愛因斯坦解釋這個重力的本質就是天體周圍空間※的扭曲。因此物體會受到空間扭曲的影響而落下，就連光的行進方向也會轉彎折曲。而且愛因斯坦也

空間本身會「扭曲」

本圖以橡膠網狀的實體來表現空間。在太陽等大質量物體的周邊，空間會扭曲至足以觀測得到的程度。這個扭曲就是重力的本質。此外，如果質量非常大的天體發生碰撞的話，空間的扭曲會成為波而朝周圍四面八方傳播開來。

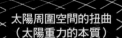

太陽周圍空間的扭曲
（太陽重力的本質）

導出了描述此空間扭曲的數學式，也就是廣義相對論的愛因斯坦方程式。

空間本身也是「物理實體」！

愛因斯坦更進一步預言，具有重量（質量）的物體如果發生變動，其周圍空間的扭曲就會像波一樣往四面八方傳播開來，稱之為「重力波」（gravitational wave）。由於重力波相當地微弱，長久以來始終未被發現。直到2016年，美國重力波觀測裝置「LIGO」才領先全球首度偵測到重力波，因而轟動一時。它所偵測到的是距地球13億光年遠處，兩個超高密度天體發生碰撞而產生的重力波，相撞的是質量分別為太陽36倍和29倍的兩個黑洞。

由此可知，即使是空蕩蕩的「無」之空間，它本身也是會扭曲、波動的物理實體。

※：更準確地說，重力的本質是時間與空間合為一體的「時空」扭曲。

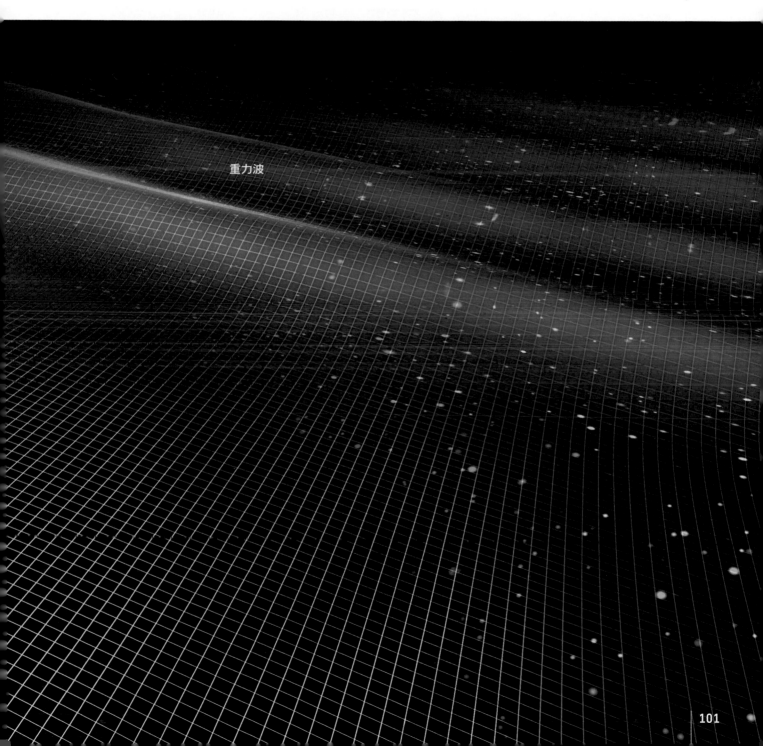

重力波

暗能量

宇宙充滿使其加速膨脹的神祕能量

現在的宇宙論認為，宇宙空間充滿了使其加速膨脹的神祕能量。然則這種能量究竟是什麼呢？

誠如前頁所介紹的，根據愛因斯坦建立的廣義相對論，可知空間本身會發生變化。再者，利用這個廣義相對論來探討宇宙整體的動態，竟然顯示整個宇宙會膨脹，這代表「宇宙空間本身會擴增」。

實際上，美國天文學家哈伯（Edwin Powell Hubble，1889～1953）在1929年觀測遠方星系，因而發現宇宙確實

暗能量如果是物質，理應會隨著膨脹而變得稀薄

充滿氣體等物質的空間，如果膨脹擴增，物質會因為量沒有改變而密度減小。實際上，星系及氣體等物質的確會隨著宇宙膨脹而彼此相隔越來越遠，使得密度逐漸降低。但是，根據一直以來的觀測，雖然宇宙持續膨脹，但暗能量的密度並沒有改變。

作用於物質間的重力（引力），會隨著彼此距離拉遠而減小，但暗能量卻很奇妙地不會變得稀薄，因此斥力不會改變。結果，暗能量產生的斥力作用勝過重力促使宇宙收縮的作用。因此，現在宇宙的膨脹速度越來越快，成為「加速膨脹」的狀態。

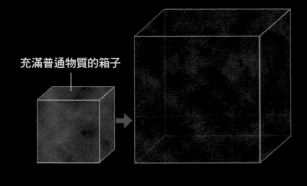

充滿普通物質的箱子

約62億年前，宇宙轉為加速膨脹

宇宙持續膨脹的結果，物質間的距離越來越大，重力越來越弱。但另一方面，暗能量並沒有隨著宇宙的膨脹而變得稀薄。於是，在大約62億年前，重力作用變得比暗能量產生的斥力作用還要小，使得宇宙轉為膨脹速度逐漸增加的「加速膨脹」。

古早時代，宇宙進行減速膨脹

宇宙肇始時期，物質間的距離很小，有很大的重力作用其中。暗能量產生的斥力作用遠小於重力作用，所以宇宙的膨脹速度逐漸降低，呈現「減速膨脹」的狀態。

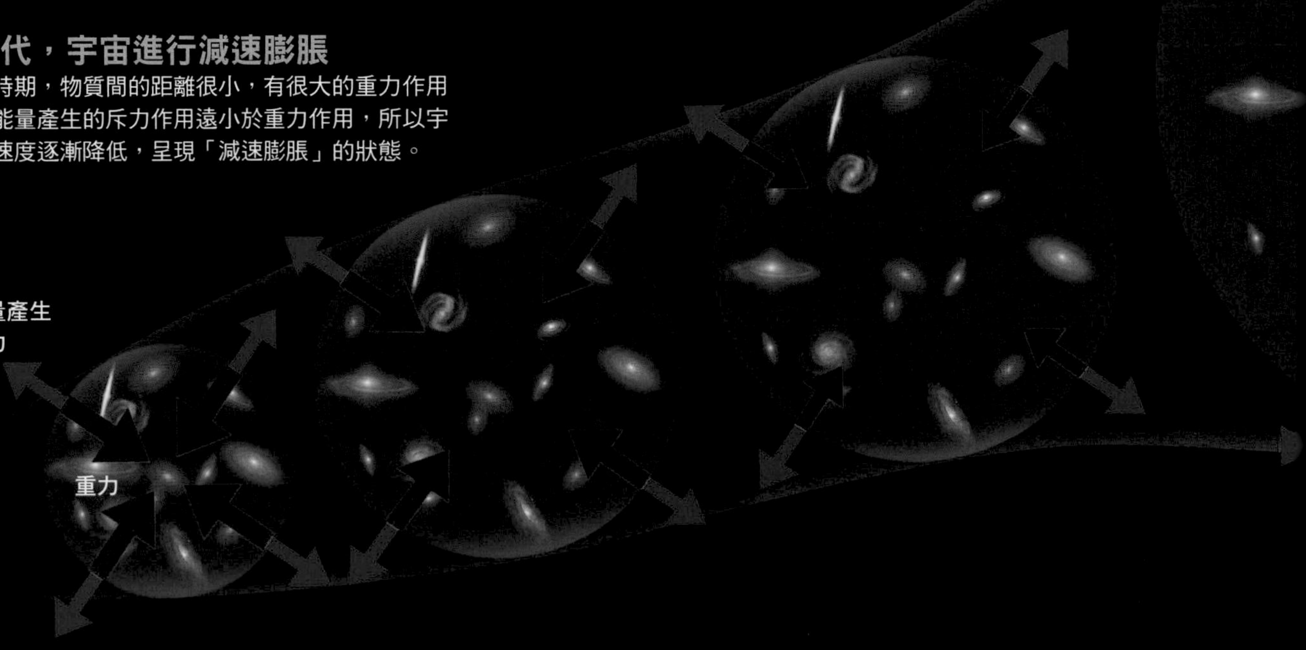

暗能量產生的斥力

重力

在膨脹中。不過，他認為其膨脹速度應該會逐漸減慢。

真空的空間本身有斥力在作用

然而到了1998年，根據更深入的宇宙觀測，卻闡明宇宙膨脹速度正在加快。根據廣義相對論，宇宙膨脹會加速，意味著宇宙空間本身有著促使膨脹加速的斥力（反彈力）在作用。宇宙空間裡似乎充滿具有斥力效果的真空能量。稱為「暗能量」（dark energy），至今依然未知其中究竟。

誠如前面所述，空蕩蕩的「無」真空裡其實充滿了如此大量的「某物」。為了闡明暗物質和暗能量這些未知「某物」的本質，科學家正利用最先進的加速器展開實驗，進行各種宇宙觀測，殫精竭慮地研究探索其中玄機。

暗能量產生的斥力

重力

星系

星系

重力

暗能量產生的斥力

宇宙現在正加快速度膨脹

如果觀測距離不同的各種星系，即可得知，無論是哪個方向，越遠的星系都是以越快的速度遠離我們而去。這代表整個宇宙都在膨脹。膨脹並不是以宇宙空間的某個點為中心，而是無論站在宇宙中的哪個位置，都會看到周圍的星系正遠離我們而去。

此外，如果詳細檢測星系距離與遠離速度之間的關係，便可得知現在的宇宙膨脹正在加速中。這意味著，真空空間充滿了會產生斥力的「暗能量」。

暗能量產生的斥力作用在整個膨脹過程中，極有可能始終保持固定※，到了大約62億年前，重力作用變得比斥力作用還要小，於是宇宙開始轉為加速膨脹。

※: 目前尚未確定暗能量在古早時代的宇宙中是否也保持固定。越遙遠的宇宙，從那裡傳來的光要花費越長的時間才能抵達地球。這意味著，我們所看到越遙遠的宇宙，就是越古老的宇宙樣貌。因此，科學家藉著觀測遙遠的宇宙，來檢視古代的暗能量。但是，截至目前為止所觀測的範圍內，暗能量並沒有任何變化。

不會變稀薄的暗能量

圖中以紫紅色雲霧來代表暗能量。即使宇宙不斷地膨脹，暗能量仍然不會變稀薄，所以圖中紫紅色雲霧的濃度並沒有隨著膨脹而變淡。暗能量的斥力也不會隨著時間流逝而有變化。

宇宙的一切物質都誕生自真空

其實在宇宙剛誕生時，可能也曾發生過加速膨脹。不過，當時的宇宙膨脹稱為「暴脹」（inflation），眼前的空間是以超光速擴大開來，和現在的宇宙膨脹有著天壤之別。在誕生後大約10^{-36}秒期間，眼睛還來不及眨一下，宇宙就膨脹了10^{43}倍之多。

為什麼科學家會認為，當初曾經發生過如此劇烈的膨脹呢？這是因為若假設曾經發生過暴脹，便能圓滿地解釋現行宇宙的種種特徵。

什麼因素促使暴脹發生？

在1980年左右，日本物理學家佐藤勝彥（1945～）和美國物理學家古斯（Alan Harvey Guth，1947～）等人首度提出「剛誕生的宇宙曾發生過暴脹」。

這兩位學者原本認為是「希格斯場」引發暴脹。但後來發現，如果是希格斯場的話，並無法圓滿地說明初期宇宙演化成現行宇宙的過程。因此，希格斯場促使暴脹發生的說法，在目前已經逐漸不再是主流。

引發暴脹的「某物」本質還沒

左右宇宙歷史的事件是真空引發的

宇宙剛誕生時發生急遽的膨脹（暴脹）。其原動力可能是來自充滿真空的「暴脹場」。暴脹結束的時候，從暴脹場的能量誕生了物質和光。

其後，宇宙持續膨脹，但膨脹速度逐漸降低，到了大約62億年前，轉為加速膨脹。從減速膨脹轉為加速膨脹，其背後因素可能在於真空中存在著不會隨著膨脹而變稀薄的「暗能量」。

像這樣，宇宙演化的方向一直受到存於真空中的各種場和能量作用所左右。

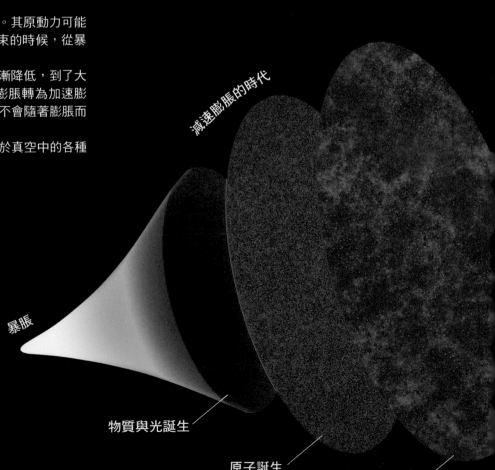

減速膨脹的時代

暴脹

物質與光誕生

原子誕生
（約宇宙誕生37萬年後）

恆星誕生
（數億年後）

有釐清，我們姑且稱之為「暴脹場」（inflaton field）。這可能是一種跟希格斯場性質相似的純量場。

自真空誕生物質和光！

暴脹場不僅會引發暴脹，竟然也很有可能產生物質和光。宇宙誕生的時候，可能沒有物質，只有龐大的能量存在。也就是說整個宇宙在剛誕生之初，就宛如真空的狀態。

暴脹結束時，宇宙的膨脹速度轉為減速（減速膨脹）。這麼一來，便從引發暴脹的暴脹場能量，產生物質和光。也就是宇宙中的一切物質，其實都是從真空中誕生出來的。這個事件稱為「大霹靂」（big bang）。此外，暴脹場可能也製造出第88頁所介紹的暗物質。

初期宇宙的暴脹和現行宇宙的加速膨脹，雖然在膨脹速度上有著天壤之別，但性質卻極為相似。因此，也有一些研究人員認為，引發暴脹的暴脹場至今仍然有極少量以某種形態殘存著，或許才會因此而引發了加速膨脹。

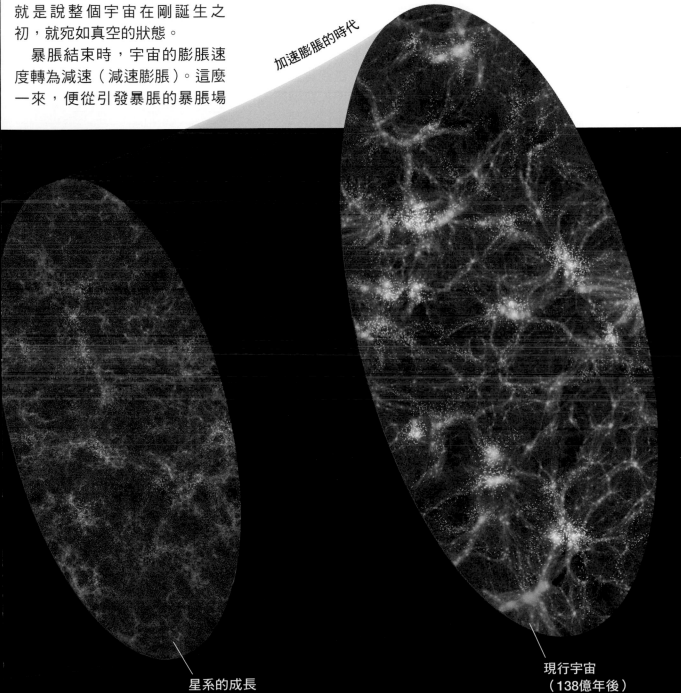

加速膨脹的時代

星系的成長

現行宇宙
（138億年後）

充滿真空的「某物」掌握著物理學進展的鎖鑰

誠 如前文所介紹的,真空並不只是個空蕩蕩的空間而已。真空裡擁有決定現今宇宙性質的各種場和能量。

例如,以往科學家在調查光為什麼能在宇宙空間傳播之後,發現光不需要透過物質做為媒介,而是經由真空中的「電磁場」振動來傳播。

此外,愛因斯坦和史特恩發現了「零點振動」,據此假設真空具有能量。後來經由實驗確認「卡西米爾效應」,從而證實這個真空能量的存在。

希格斯等人主張真空中充滿「希格斯場」,使粒子擁有質量。2013年,科學家發現希格斯玻色子(希格斯場的振動),因而證明了希格斯場的存在。

甚至,科學家也認為,宇宙中可能充滿了看不到的神祕物質(暗物質),以及促使現今宇宙加速膨脹的神祕能量(暗能量),而宇宙初期的急速膨脹(暴脹),可能是由充滿真空的暴脹場所引發等等。暗物質、暗能量、暴脹場的本質究竟是什麼呢?這些疑問均屬現代物理學最高級別的謎題。

自探究真空而發現的這些奇妙事物,每一樣都對物理學的進展有著極大的貢獻。如果能闡明真空的本質,將成為解開現代物理學中諸多謎團的關鍵線索。

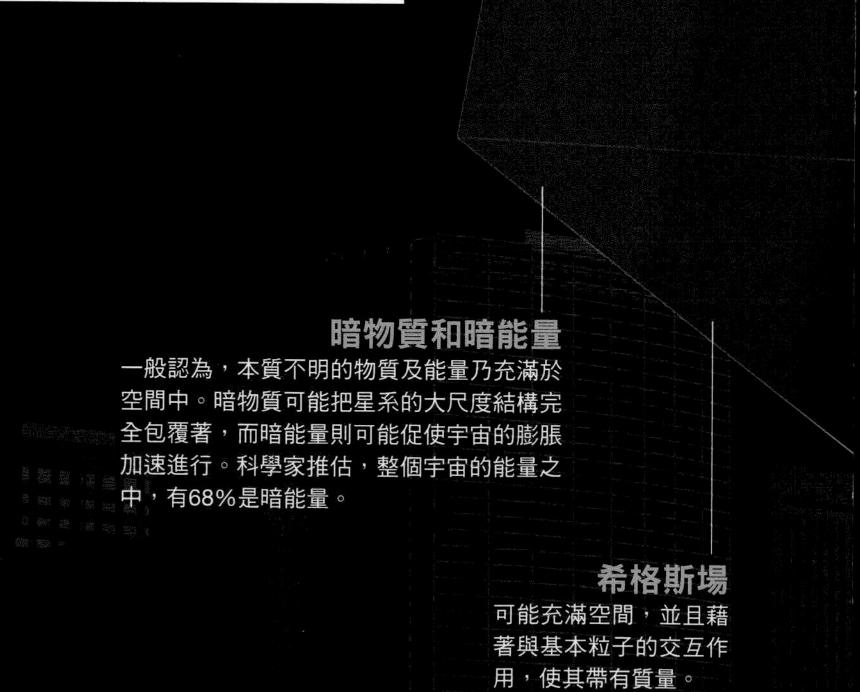

擁擠的「無」

圖示為清除所有物質之後,原本應該是「空蕩蕩的空間」(真空),其實非常擁擠。真空中不停地發生粒子與反粒子的對生成、對湮滅,而且還有希格斯場和暗能量等等,圖中雖分開呈現,但事實上它們存在於空間的每個角落。此外,誠如第110頁所介紹的,現代物理學認為可以運用「場」來解釋所有的現象,這些隱藏在「無」裡的事物,或許基本上也可以利用「場」來理解。

暗物質和暗能量

一般認為,本質不明的物質及能量乃充滿於空間中。暗物質可能把星系的大尺度結構完全包覆著,而暗能量則可能促使宇宙的膨脹加速進行。科學家推估,整個宇宙的能量之中,有68%是暗能量。

希格斯場

可能充滿空間,並且藉著與基本粒子的交互作用,使其帶有質量。

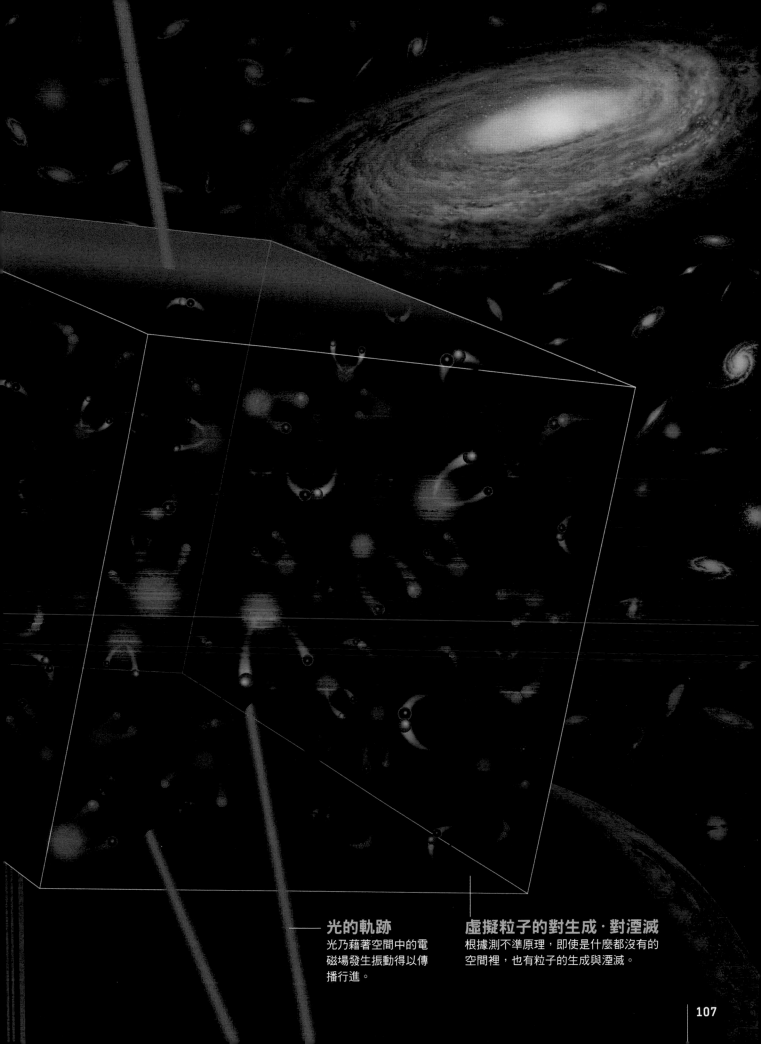

光的軌跡

光乃藉著空間中的電
磁場發生振動得以傳
播行進。

虛擬粒子的對生成‧對湮滅

根據測不準原理，即使是什麼都沒有的
空間裡，也有粒子的生成與湮滅。

測不準原理是什麼？

促使粒子在「無之空間」
沸騰的微觀世界法則

從這裡開始，將對本章所提到的幾個重要概念，再做更詳細的介紹。首先要解說第90、92頁所談到的測不準原理。

若想理解測不準原理，先思考它與牛頓力學的差異，或許會比較容易入手。牛頓力學是指英國物理學家牛頓所建立的理論系統，用於闡述我們日常世界及太陽系行星的運行等等，尺度遠比基本粒子大上許多的物體運動物理定律。

例如棒球投手投球的場景。在投手把球投出去的0.1秒之後，打擊者如果想要確認球的運動狀態，只須正確地看清球的行進速度（行進方向及速率）及其位置即可。不只棒球的球，我們日常生活中所看到的現象，絕大多數依循牛頓力學的定律，便能同時確定某個物體的速度（正確地說，是指動量，亦即速度和質量的乘積）和位置。

基本粒子是「魔球」？

但在基本粒子這樣的微觀世界中，我們慣常的認知並不適用。越想確定基本粒子的位置，其運動速度就越無法確定；反之亦然，越想確定其速度，則位置就越無法確定。也就是說，基本粒子的位置和速度，無法同時準確地測定。

打個比方，投手在微觀世界裡所投出的球（基本粒子），就像是打破慣常認知的「魔球」一般。如果想要準確地看清楚基本粒子處於什麼位置，就不能準確得知它朝那個方向飛行的速度有多快。相反地，如果想要準確地看清基本粒子的速度，就不能準確得知它在什麼位置。對於只能看到牛頓力學世界（亦即普遍認知的世界）

的你我來說，這真是難以想像。在微觀世界中，我們普遍的認知並不適用。如果在日常生活出現這樣的魔球，無論多麼優秀的打擊者，打到這顆球的機率應該都是微乎其微！

再舉另一個例子來看。所謂的測不準原理，或許和「高速旋轉的電風扇扇葉」有點相似。如果電風扇扇葉正在高速旋轉，是不是沒辦法看清楚扇葉在某個時刻的準確位置呢？但是，如果扇葉停止旋轉以便確定其位置，這下子又變成不知道扇葉剛才旋轉的速度是多少。不過為了謹慎起見，還是要補充一句，電風扇扇葉的旋轉是牛頓力學世界中的事件，所以只要詳細測量，還是能夠確定扇葉的速度和位置。

必須注意的是，測不準原理這個性質，並非測量儀器的精度太低所致。微觀世界中會發生這樣的情況，並不是出自測量能力的問題，而是源於它的基本性質。

根據計算結果推導得出

所謂測不準原理，是德國理

⊘ **日常世界與微觀世界有什麼差異？**

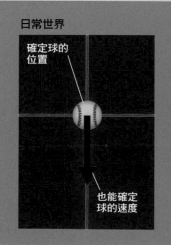

日常世界

確定球的位置

也能確定球的速度

微觀世界（確定位置）

確定基本粒子的位置

無法確定基本粒子的速度（速率和方向）

微觀世界（確定速度）

確定基本粒子的速度

無法確定基本粒子的位置（圖中未予呈現，但若速度的不確定值為0，則位置的不確定值會變成無限大）

在此以球和基本粒子的運動表示日常世界與微觀世界的差異。日常世界中能夠同時確定球的位置和速度。微觀世界中越以高精度確定基本粒子的位置，則速度會越不確定。相反地，如果速度越確定，則位置會越不確定。圖示為極端的例子。即使在微觀世界中，也是能夠以某個程度的精度同時確定位置和速度。

論物理學家海森堡（Werner Heisenberg，1901～1976）所提出的。日本高能加速器研究機構基本粒子原子核研究所ILC小組藤井勝彥教授說：「測不準原理充分展現出像基本粒子這樣的微觀世界中，『量子力學』的神奇物理定律。」順便一提，海森堡是量子力學開創者之一。

海森堡在進行量子力學的計算之後，導出了測不準原理。海森堡所導出的數學式為「$\Delta x \times \Delta p > \frac{h}{4\pi}$」。這個式子中的$\Delta x$是位置的不確定值，$\Delta p$是速度（動量）的不確定值，$h$是「普朗克常數」（約$6.63 \times 10^{-34}$焦耳秒），$\pi$是圓周率（約3.14）。由於分子和分母都是固定值，所以式子右邊的$\frac{h}{4\pi}$是一個常數。而因為數學式右邊的值為固定，因此左邊的兩個值當中，若其中一個值增大，則另一個值就必然減小。說得極端一點，如果把左邊的其中一個值無限地減小（亦即趨近於0），則另一個值將成為無窮大。

為什麼會發生虛擬粒子的對生成‧對湮滅？

測不準原理並非只是用來表示速度和位置的相關性質。例如，時間的長短和能量的高低這兩個數值，也會發生同樣的情形。兩者關係以數學式來表示，就是「$\Delta t \times \Delta E > \frac{h}{4\pi}$」。$\Delta t$是時間的不確定值，$\Delta E$是能量的不確定值。

如果把所取得的時間幅度拉長（亦即使其更不確定），則能量值的不確定度會減小（然不知是哪個瞬間的能量值）。相反

地，如果把時間幅度縮短（亦即減小不確定度），則能量值會變得更不確定。

第90頁等處所討論的虛擬粒子對生成‧對湮滅，可能就是源於這樣的情形。在「無之空間」裡，如果是極短促的一瞬間，則能量值會變得不確定，進而得到各種不同的值。基本粒子就是利用這種只有在瞬間才容許存在的能量，生成隨即湮滅。

相反地，如果把時間拉長，則雖然不知道此能量值會是哪個瞬間的，但值的不確定度會減小，而呈現真空的狀態，亦即能量為0的「無」之狀態。

原因在於既是「粒子」也是「波」

那麼，為什麼會出現測不準原理呢？原因就在於基本粒子不僅會表現出「粒子」也會表現出「波」的動態（第3章）。

或許會有許多人把基本粒子想像成米粒般的「粒子」。有些書也常常以此形貌的示意圖來呈現。事實上，這樣的表現方式雖然不算錯誤，但也不能說

是完全正確。基本粒子是非常奇妙的東西，有時表現一如「粒子」的性質，有時卻表現「波」般的性質。

例如空氣中的聲波，或是地底下的地震波等等，其「波」是以某個程度的範圍（寬廣度）行進傳播。如果要把具有範圍的東西視為基本粒子這樣的點狀物，企圖同時確定它的位置和速度，即是不合理的事情。如此情況下，基本粒子不僅具有「粒子」也具有「波」的性質，就是測不準原理之所以成立的原因。

基本粒子如此兼具「粒子」和「波」性質這件事，可以藉由「無之空間」更加深入思考。而基本粒子兼具「粒子」與「波」兩性質，以及「無之空間」具有使基本粒子生成又湮滅的能力，也似乎可以用「場」來解釋。下頁將更詳細探討。

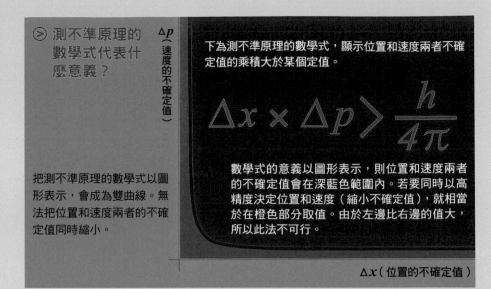

⊙ 測不準原理的數學式代表什麼意義？

把測不準原理的數學式以圖形表示，會成為雙曲線。無法把位置和速度兩者的不確定值同時縮小。

Δp（速度的不確定值）

下為測不準原理的數學式，顯示位置和速度兩者不確定值的乘積大於某個定值。

$$\Delta x \times \Delta p > \frac{h}{4\pi}$$

數學式的意義以圖形表示，則位置和速度兩者的不確定值會在深藍色範圍內。若要同時以高精度決定位置和速度（縮小不確定值），就相當於在橙色部分取值。由於左邊比右邊的值大，所以此法不可行。

Δx（位置的不確定值）

所有基本粒子都是「場」所生成的

現代物理學精髓「場之量子論」是什麼？

電場、磁場等「場」存在於空間裡，具有傳達力的作用，這是高中時期所學到的物理學基本概念。不過，現代物理學對於「場」的概念，又有更進一步的發展。

藤井博士說：「現代物理學把所有基本粒子都以『場』的概念來表現。所謂基本粒子，並不是『東西』，而是指『場』裡面能量集中而成為可逐一點數之狀態的『事件』。」也就是說，雖然我們把基本粒子想像成有如固體粒子一般，但其實它只是充滿空間之「場」所呈現的某種狀態而已。

你我身邊確實存在著各式各樣的物體，可以看得見，也可以摸得著。我們毫不懷疑這些都是真真確確的實體。然而，構成物質的基本粒子，實際上卻這麼離奇古怪。現代物理學為什麼會獲致這樣的結論呢？

且讓我們來逐步探討。

電場和磁場統合成「電磁場」

話題要回溯到英國物理學家法拉第（Michael Faraday，1791～1867）提出「磁力線」構想之後的19世紀後半葉。當時已知的力，除了磁力和重力之外，還有「電力」。由於磁力和電力彼此間具有非常相似的性質，因此英國物理學家馬克士威（James Clerk Maxwell，1831～1879）將兩者統合起來列出一道方程式。磁力的「場」是磁場，電力的「場」是電場，把它們統合在一起的場則稱為「電磁場」。

電磁場的特徵是電場的變化會引發磁場的變化，進而再引發電場的變化，如此互相驅使對方變動的同時，也像波一樣地傳播開來。這個波即稱為「電磁波」。馬克士威從理論上推定電磁波的傳播速度，和當時已測定的光之傳播速度十分接近，藉此也闡明了光的本質是電磁波。

是粒子還是波？

到了1905年，愛因斯坦發表「光量子假說」，主張光是「能量塊」的集團。在某個意義上，此乃認為光類似粒子。也就是說，這個主張和馬克士威所提出「光是藉電磁場傳播的波」主張是對立的說法。光究竟是波還是粒子呢？光怎麼會同時具有乍看之下毫不相容的兩種性質呢？這件事讓第一線的物理學家困惑不已。

但隨著研究進展，逐漸由實驗得知光有時候會呈現粒子的性質，有時候則會呈現波的性質。光似乎既不能完全說是粒子，也不能完全說是波。

此外，原本認為完全是粒子的「電子」，後來知道它其實也具有波的性質。故而由此觀之，電子既不能說是粒子，也不能說是波。

⊗ 充滿空間的「場」，其狀態變化如波般傳播

本圖是以小球和把小球綁在一起的橡膠繩來表現充滿空間的「場」。「場」沒有變化的部分為真空（無）狀態，「場」隆起的部分是基本粒子存在之處。由於球被橡膠繩綁著，所以「場」的變化會如波般往四周圍傳播。實際上「無之空間」並沒有這樣的小球和橡膠繩存在，圖示純粹只是呈現「場」性質的意象而已。

將「場」予以「量子化」

1900到1930年代，是「量子力學」此一代表微觀世界的物理法則逐步建立的時期。後來逐漸得知，如果把量子力學套用在電磁場上，則可從應該是以波形態傳送光（電磁波）的電磁場，導出如同粒子狀態的光（光子）。也就是說，藉著把量子力學套用在「場」的觀念上，成功連結了粒子和波這兩種性質。這稱為「場的量子化」，而由此創立與「場」相關的新理論稱為「場之量子論」或「量子場論」（quantum field theory）。

關於「場」和基本粒子的關係，或許可用電子告示板來做個比喻。大家都很熟悉，板面上緊密地排列著許多顆燈泡。藉著調整不同位置的燈泡發亮，即可顯示新聞及廣告字樣圖案等等。

假設某個位置的燈泡亮了。依照「場」的概念，基本粒子就像這顆發亮的燈泡一樣。在電子告示板這個「場」裡，燈泡點亮之處即代表能量集中而有基本粒子存在的狀態，反之，燈泡熄滅之處就相當於「場」歸於平靜而沒有基本粒子存在的狀態。

再假設一開始有某個位置的燈泡點亮，然後熄滅；下一個瞬間是其右邊的燈泡點亮，然後熄滅；再下一個瞬間是更靠右的燈泡點亮。在我們看來，彷彿是光點接連往右邊移動。但實際上，燈泡本身並沒有移動，純粹只是亮點的位置在移

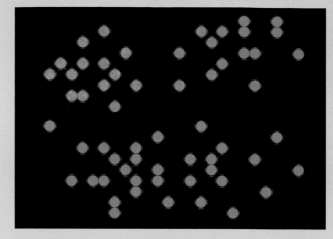

假設「場」類似於電子告示板，則燈泡發亮的位置就如同能量集中而有基本粒子存在的地方。同樣地，虛擬粒子的對生成·對湮滅也可以想像成電子告示板上亮燈的位置從上轉到下的意象。

動而已。同樣地，基本粒子實際上的運動也不是「固體粒子」在移動，而是「場」內能量集中的位置在移動罷了。

第90頁等處曾經介紹虛擬粒子的對生成·對湮滅，如果也拿電子告示板來做比喻，或許會比較容易理解。假設把電子告示板的燈泡縮小成如同基本粒子一樣的大小，則根據測不準原理，燈泡將會變成一直無法維持熄滅的狀態（若是在一瞬間，能量可取到各種值），結果會發生電子告示板上各個位置的燈泡在瞬間點亮又熄滅，這種狀況就對應於對生成·對湮滅。

所有基本粒子都可以用「場」來表示

像這樣把「場」和基本粒子連結在一起的「場之量子化」，在現代物理學中，基本上已經擴展到所有基本粒子的「場」。就像電子的「電子場」、夸克的「夸克場」這樣，在「無之空間」中，所有種類的基本粒子都有相對應的「場」存在（不過重力場的量子化尚未完成）。

各個基本粒子會依各個「場」的狀態而呈現出來。再重覆一次，所謂的基本粒子，並非存在於空間中的「固體粒子」。追根究柢，是以充滿空間的「場」為主體，而其狀態的特殊形式（能量集中的狀態）就是基本粒子。

還有，必須注意「場」並不是充滿空間的「物質」，而只是空間所具有的性質。以前曾經假設「乙太」（ether）做為傳送電磁波的介質，但這一點「場」和「乙太」並不相同，因為「場」不是物質，乙太則是物質。

此外，在現代物理學中，電磁力和重力之類的力都可以用基本粒子的施與受來解釋。而做為物質的基本粒子和傳達力的基本粒子，亦即這個世界的一切，都可以利用充滿「無之空間」的「場」來理解。這就是現代物理學探究描述的世界面貌。

空間曾經急遽地改變性質

促生質量的「真空相變」是什麼？

第98頁曾經介紹，「真空相變」促使希格斯場的性質發生變化，粒子因而產生質量。對此我們要做更進一步的說明。

一般而言，相變是指物質性質發生急遽的改變，例如水會轉變成水蒸氣、液態水、冰塊等不同的形態。宇宙初期的空間可能也發生過類似的事件。

另一方面，依照現代物理學的標準思維，電磁力、重力、強力、弱力這四種基本力，可能原本是同一種力，在每次空間發生「真空相變」，就會有一種力分歧出走，成為各種不同的力。

真空相變和宇宙的歷史，可能如下所述這般過程。在宇宙誕生的瞬間，誕生了上述四種基本力的根源之力，暫且稱為「原始力」。不過，代表原始力的方程式，即使依據現代物理學也還沒有辦法列出來。因此，關於這個時期的宇宙仍有諸多未明之處。

原始力的出現，可能只是剎那間發生的事情。為什麼呢？因為在宇宙誕生僅僅10^{-44}秒（即1兆分之1的1兆分之1的1兆分之1的1億分之1秒）後，就發生了第一次相變，導致原始力和重力分歧開來。此後原始力成為電磁力、弱力、強力這三種力統合在一起的狀態，稱為「大一統力」。表示大一統力的方程式，目前在理論上已完成到一定程度。

宇宙誕生10^{-36}秒（即1兆分之1的1兆分之1的1兆分之1秒）後發生第二次相變。似乎就是因為這次相變，強力遂從大一統力分歧出來。宇宙在這個時候變成存在重力、強力和「電弱力」（電磁力與弱力統合而成之力）的狀態。

而在宇宙誕生10^{-11}秒（1000億分之1秒）後發生了第三次相變。這次相變使得電弱力分歧為電磁力和弱力，四種力因此都備齊了。此外，在這個時候，希格斯場的性質可能也發生了變化，並且和基本粒子發生交互作用，使得弱玻色子等基本粒子獲得質量。

到宇宙誕生10^{-4}秒（1萬分之1秒）後，又發生第四次相變。這次相變和力的分歧沒有直接關係，但發生了「夸克禁閉」（quark confinement），使得夸克彼此間強固地結合在一起。遭到禁閉的夸克構成了質子和中子，成為進一步構建物質的原料。

以上，是真空相變在宇宙歷史中發揮作用的概要過程。這些都是基本粒子物理學的標準理論，以及促使其發展的理論模型所顯示的結果。宇宙在極初期階段原本處於超高能量的狀態，後來隨著溫度的下降，「無之空間」急遽地改變性質，發展成現今的模樣。

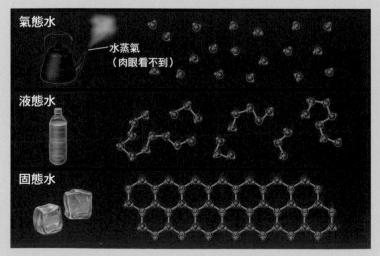

氣態水
水蒸氣（肉眼看不到）
液態水
固態水

相變是什麼意思？

圖中以水為例。水分子由1個氧原子和2個氫原子構成。水為氣體狀態時（上段），各個水分子凌亂散逸。肉眼看不到水蒸氣，圖示的白色蒸氣是水壺噴出的水蒸氣冷卻形成小水滴（液體水粒子）所聚集而成。水在液態時（中段），水分子之間氫原子和氧原子鬆弛地連結在一起，產生「氫鍵」（hydrogen bond）。而水在固態時（下段）產生更多氫鍵，使水分子井然有序地排列成結晶構造。同樣是水這種物質，卻會轉變成氣體、液體、固體等各種不同的形貌。

像這樣，一旦達到某個條件時，性質會突然改變，這種事件即稱為相變。宇宙在極初期階段，空間本身的性質可能也發生過和水相變類似的事件。

◈ 空間相變與力的分歧

圖示為宇宙極初期自然界中四種基本力隨空間相變而誕生的歷程。空間發生相變的時期以不同的背景顏色來表示。

宇宙誕生之際，同時誕生了「原始力」，然後是重力分歧，接著是強力分歧，最後誕生弱力和電磁力，於是現今宇宙的四種基本力都齊了。若要進行實驗來驗證這個模型，必須使用加速器等設施，重現宇宙初期的超高能量狀態。目前，最高能量的加速器能夠重現到第三次相變發生時的狀態。

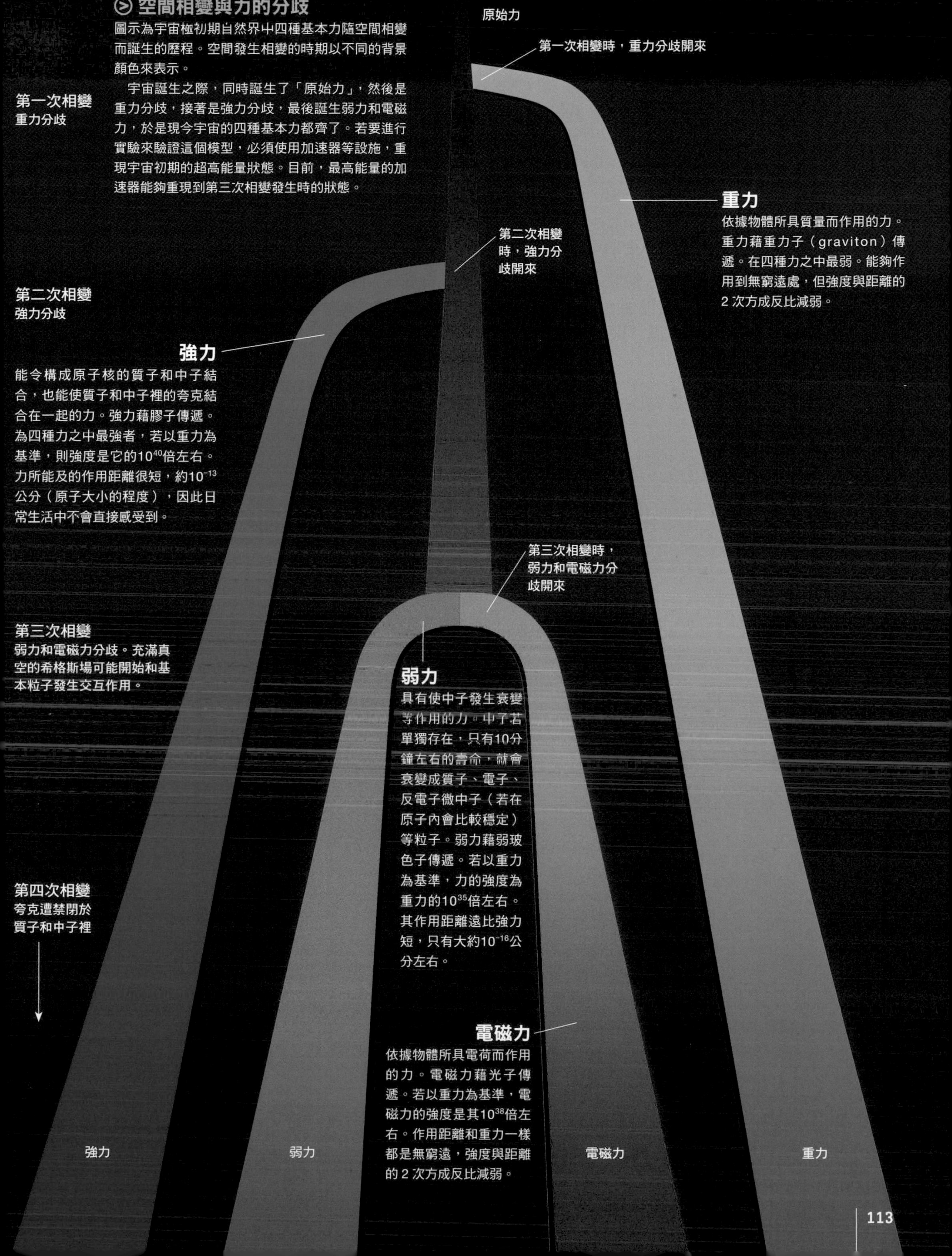

原始力

第一次相變時，重力分歧開來

第一次相變
重力分歧

第二次相變
強力分歧

第二次相變時，強力分歧開來

重力

依據物體所具質量而作用的力。重力藉重力子（graviton）傳遞。在四種力之中最弱。能夠作用到無窮遠處，但強度與距離的 2 次方成反比減弱。

強力

能令構成原子核的質子和中子結合，也能使質子和中子裡的夸克結合在一起的力。強力藉膠子傳遞。為四種力之中最強者，若以重力為基準，則強度是它的 10^{40} 倍左右。力所能及的作用距離很短，約 10^{-13} 公分（原子大小的程度），因此日常生活中不會直接感受到。

第三次相變時，弱力和電磁力分歧開來

第三次相變
弱力和電磁力分歧。充滿真空的希格斯場可能開始和基本粒子發生交互作用。

弱力

具有使中子發生衰變等作用的力。中子若單獨存在，只有10分鐘左右的壽命，就會衰變成質子、電子、反電子微中子（若在原子內會比較穩定）等粒子。弱力藉弱玻色子傳遞。若以重力為基準，力的強度為重力的 10^{35} 倍左右。其作用距離遠比強力短，只有大約 10^{-16} 公分左右。

第四次相變
夸克遭禁閉於質子和中子裡

電磁力

依據物體所具電荷而作用的力。電磁力藉光子傳遞。若以重力為基準，電磁力的強度是其 10^{38} 倍左右。作用距離和重力一樣都是無窮遠，強度與距離的 2 次方成反比減弱。

強力　　　　弱力　　　　電磁力　　　　重力

自然界的最小零件「基本粒子」

構成我們周遭物質的原子，有氫原子、碳原子、鐵原子等等，但所有元素均由僅僅3種基本粒子構成，那就是「電子」、「上夸克」和「下夸克」。舉凡你我的身體，亦或是岩石、電腦等無生物也罷，全都是由這3種基本粒子所構成。

而且，目前已知這些基本粒子有許多同一族群的伙伴存在。它們分別是夸克族群以及電子·微中子的族群。

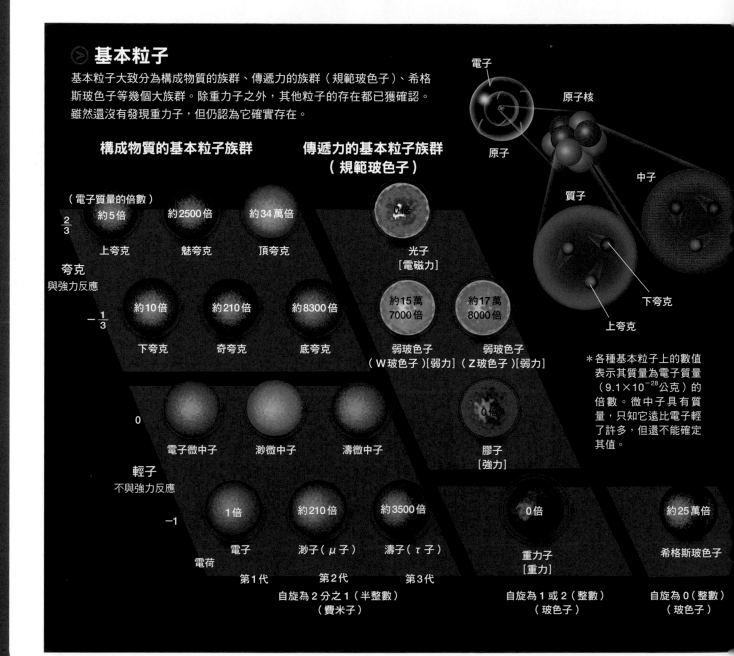

基本粒子

基本粒子大致分為構成物質的族群、傳遞力的族群（規範玻色子）、希格斯玻色子等幾個大族群。除重力子之外，其他粒子的存在都已獲確認。雖然還沒有發現重力子，但仍認為它確實存在。

構成物質的基本粒子族群

傳遞力的基本粒子族群（規範玻色子）

（電子質量的倍數）

$\frac{2}{3}$ 　約5倍　約2500倍　約34萬倍

上夸克　魅夸克　頂夸克

夸克
與強力反應

$-\frac{1}{3}$ 　約10倍　約210倍　約8300倍

下夸克　奇夸克　底夸克

0倍

光子
[電磁力]

約15萬7000倍　約17萬8000倍

弱玻色子（W玻色子）[弱力]　弱玻色子（Z玻色子）[弱力]

0

電子微中子　渺微中子　濤微中子

0倍

膠子
[強力]

輕子
不與強力反應

−1

1倍　約210倍　約3500倍

電子　渺子（μ子）　濤子（τ子）

電荷

第1代　第2代　第3代

自旋為2分之1（半整數）
（費米子）

0倍

重力子
[重力]

約25萬倍

希格斯玻色子

自旋為1或2（整數）
（玻色子）

自旋為0（整數）
（玻色子）

電子

原子核

原子

質子

中子

下夸克

上夸克

* 各種基本粒子上的數值表示其質量為電子質量（9.1×10^{-28}公克）的倍數。微中子具有質量，只知它遠比電子輕了許多，但還不能確定其值。

構成物質之基本粒子的族群，可以說是自然界的「演員」。如果這些演員只是散漫地各自存在，就無法演出自然界這場「大戲」。由於演員彼此之間會發揮各種「影響」，才能使劇情發展下去。

這裡所說的「影響」，是指電的引力及斥力（電磁力）等等，在基本粒子之間作用的「力」（交互作用）。事實上，這些力是由於有「傳遞力的基本粒子」存在才得以發揮影響。光的基本粒子「光子」也包含在傳遞力的基本粒子裡頭。

另外，也有使基本粒子具有質量的「希格斯玻色子」存在。☄

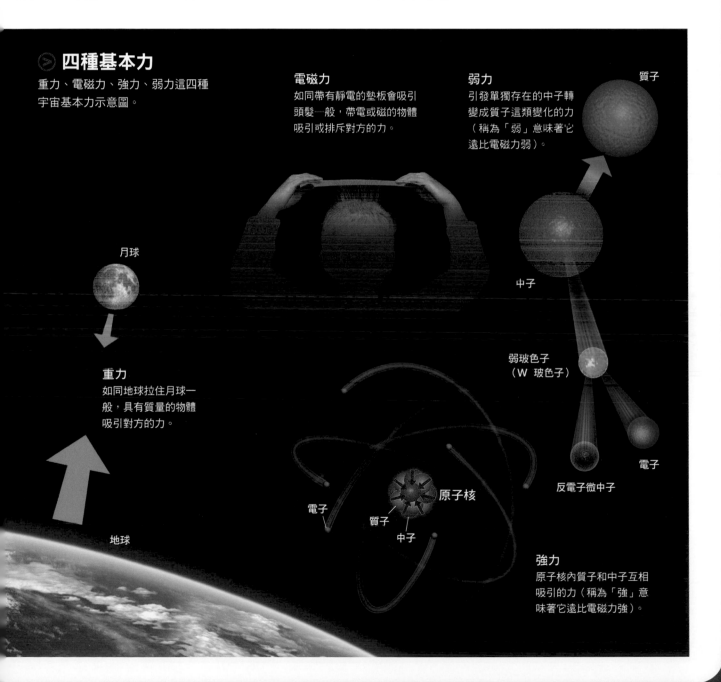

◎ 四種基本力

重力、電磁力、強力、弱力這四種宇宙基本力示意圖。

電磁力
如同帶有靜電的墊板會吸引頭髮一般，帶電或磁的物體吸引或排斥對方的力。

弱力
引發單獨存在的中子轉變成質子這類變化的力（稱為「弱」意味著它遠比電磁力弱）。

質子

月球

中子

重力
如同地球拉住月球一般，具有質量的物體吸引對方的力。

弱玻色子
（W 玻色子）

地球

電子

電子
質子
中子

原子核

反電子微中子

強力
原子核內質子和中子互相吸引的力（稱為「強」意味著它遠比電磁力強）。

導致宇宙破滅的
真空衰變

宇宙的物理法則將會紊亂，就連原子也會崩毀!?

基本粒子物理學者之間流傳著這樣的假說：「或許有那麼一天，從星系、太陽之類的天體到一個個的原子，宇宙中的一切構造都將會崩毀……。」

2012年，科學家使用世界最大的加速器「LHC」進行實驗，發現與質量起因相關的基本粒子「希格斯玻色子」。在仔細檢測希格斯玻色子的性質之後，發現真空狀態有可能發生過急遽變化，並因此而改寫物理法則。這個現象稱為「真空衰變」。如果真的發生真空衰變，這個宇宙的面貌到底會變成什麼模樣呢？無法防止真空衰變的發生嗎？本文將深入探討導致宇宙破滅的真空衰變之謎。

協助 ┊ **橋本幸士**
日本大阪大學研究所理學研究科物理學專攻教授

諸井健夫
日本東京大學研究所理學系研究科物理學專攻教授

⊙ 遭真空衰變吞噬的地球

真空衰變的區域（右上方藍色區域）即將吞噬地球之瞬間示意圖。真空衰變的區域受到和現行宇宙完全不同的物理法則所支配，原子及分子等宇宙中存在的一切物體構造可能都會完全崩毀。遭致真空衰變吞噬的地球或許也會在一瞬間潰散。

真空究竟是什麼呢？依照字面來解釋，就是「真的空蕩蕩」。但是，不管是真空包裝和真空保溫瓶的「真空」，還是環繞地球運行的人造衛星周遭的「太空」等等，實際上並不是空蕩蕩的空間。所以，我們平常所謂的真空，只是指「空氣稀薄的空間」而已。

真空的能量掌握著真空衰變的鎖鑰

假設我們能夠把密閉容器裡的空氣和纖細微塵等物質全都抽取乾淨，這樣的空間可以稱為「完全的真空」嗎？其實，在物理學的世界裡，單只把氣體分子和微塵等細小物質全都抽光，還不能稱為真正意義的真空。例如，空間中有光（已知它既是「電磁波」這種波，同時也是「光子」這種粒子）的存在。也就是說，就算把氣體等物質全部清掉，也會有光子之類「非物質粒子」殘留在空間裡。

大阪大學的橋本幸士教授身為基本粒子物理學家，他表示所謂真正的真空，是指不僅氣體分子等物質，就連光子等也包含在內，一切「粒子」都完全清除的空間狀態。

不過，就算能把一切粒子都清除而實現真正的真空，空間中仍然會有一些能量殘留著。這種無法再更進一步清除而殘留於空間的能量，稱為「真空能量」（vacuum energy），這個能量可說是空間所能實現之最低狀態的能量。

然而事實上，「真空衰變」

能量「高山」的另一側或許有「真真空」存在

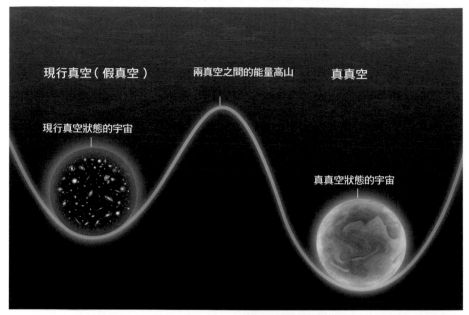

現行真空（假真空）　兩真空之間的能量高山　真真空

現行真空狀態的宇宙

真真空狀態的宇宙

現行宇宙的真空能量維持穩定的狀態。但是，最近有些科學家指出，性質和現在真空完全不同的另一個真空，是否會是能量更低、更穩定的狀態呢？如圖所示，兩個真空之間隔著巨大的「能量『高山』」。若於現在的真空施加能量，或許能夠越過能量高山，轉移到能量更低的「真真空」。但是，這座能量高山非常高，就算使用LHC這樣的高能量實驗設施，恐怕也無法以人為方式越過去。

（vacuumdecay）這個現象和真空能量之間具有密不可分的關係，這是什麼意思呢？

從「假真空」發生相變到「真真空」！？

例如，水會因為溫度不同而變化成水蒸氣或冰。這種物質狀態發生急遽變化的現象，稱為「相變」（phase transition，物態變化）。事實上，真空的狀態也可能像水的相變一樣，變化成完全不同的樣貌，即稱為「真空相變」（phase transition of vacuum）。

這個世界的一切物質都趨向於能量最低的狀態。水會變成冰，也是因為在0℃以下，水分子規律地排列成冰的能量狀態較低之故。事實上，真空可能

也和水一樣，會發生相變而成為能量更低的狀態。

2012年，建置於瑞士日內瓦郊外的世界最大基本粒子實驗設施「LHC」發現了「希格斯玻色子」。大家都知道，希格斯玻色子是與各種基本粒子質量相關的基本粒子，但它同時也是對「真空」性質有重大影響的基本粒子。

當時所觀測到的希格斯玻色子質量約為126GeV。eV（電子伏特）為能量及質量單位，1GeV為1eV的10億倍，表示10億電子伏特。在實驗之前，科學家根據理論對此提出各種預估值。發現希格斯玻色子之後，科學家整理觀測值與預估值的差異點。根據整理結果來計算真空的能量，赫然發現當前的真空可能不是一切狀態中

能量最低的。也就是說,現今的真空或許只是個「假真空」(偽真空),另外還有能量更低的「真真空」存在。

就像水變成冰一樣,真空的狀態有可能會變化成能量更低的「真真空」。這種真空的狀態變化就是所謂「真空衰變」。

能量高山無法輕易攀越

在建造LHC的時候,其實也有科學家指出實驗引發真空衰變的可能性。

LHC將質子(氫原子核)加速,再令它們相互對撞,利用其能量撞出各式各樣的粒子。此時能量達到13TeV。1TeV是1eV的1兆倍。

若要藉由真空衰變使狀態從「假真空」變化成「真真空」,則需要足夠的能量,才能超越阻隔在兩個真空之間的「能量高山」。

假設真的有意料之外的「真真空」存在,而且阻隔在兩個真空之間的能量高山,比LHC實驗所產生的能量還要小,便有可能發生真空衰變,導致地球遭到「真真空」吞噬。

在東京大學鑽研基本粒子物理學的諸井健夫教授表示,確實有許多論文指出,如果真的有預料外的基本粒子存在,則極有可能發生真空衰變。但環視地球四周,大量極高能量的宇宙線(放射線)頻繁地撞擊大氣中的氣體分子,而這些宇宙線所攜能量遠遠超過LHC實驗所產生的。雖然一直不斷地發生如此高能量的現象,但到目前為止,地球都沒有遭到「真真空」吞噬,由此可知,至少,以LHC實驗所產生的能量數值級別,應該還不至於引發真空衰變。

LHC用來驅使粒子碰撞以進行實驗的是世上最高的能量級數,既然這個能量都不足以引發真空衰變,那麼其他既有的實驗裝置更不可能產生足以引發真空衰變的能量。也有人認為,若要以人為方式引發真空衰變,恐怕需要比地球還要大上好幾個數量級的加速器(像LHC這樣高度加速粒子使其碰撞產生高能量)才行吧!

越過能量高山而發生真空衰變!

假如阻隔在兩個真空之間的能量高山非常高,則即使有「真真空」存在,似乎也不至於發生真空衰變。但是,橋本教授認為藉由量子力學的「穿隧效應」(tunneling effect)(左下圖),即使無法直接越過能量高山,也仍有可能發生真空衰變。

如果藉由穿隧效應而在宇宙的某個地方發生真空衰變,將會以該處為中心產生「真真空泡」,並一邊加速一邊膨脹,最終以接近光速之勢擴張開來。

如果真的在宇宙某處發生了真空衰變,我們會觀測到什麼樣的現象呢?

橋本教授說:「老實說,發生真空衰變的區域會依循什麼樣的物理法則,現階段還無法預測。至少,應該會是和現今宇宙完全不同的世界,所依循的物理法則也可能大相逕庭。」物理法則不一樣的話,或許我們連發生真空衰變的區域都沒有辦法觀測。

不過,在有真空衰變跟沒真空衰變的兩區域邊界處,可能具有非常高的能量。橋本教授說:「雖然純粹是推測,不過,存在於宇宙空間中的微塵和氣體等微小粒子,有可能會遭到具有高能量的『泡壁』彈開,使得真空衰變發生區域的邊界處發出亮光。」在眺望宇宙的時候,如果看到以幾近光速之勢擴大且極其明亮的未知區域,說不定就是「真真空」正朝著

⊙ 藉穿隧效應穿過能量高山

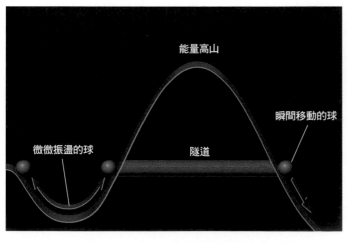

能量高山

瞬間移動的球

微微振盪的球　　　　隧道

通常,像圖左側這樣微微振盪的球並無法超越右側的高山。但是,在量子力學的世界中,即使沒有足以越過高山的能量,也有可能像穿過隧道一樣在瞬間移動到高山的另一側。這個現象稱為「穿隧效應」。

⊙ 能量較低的「真真空」加速的同時也在擴大！

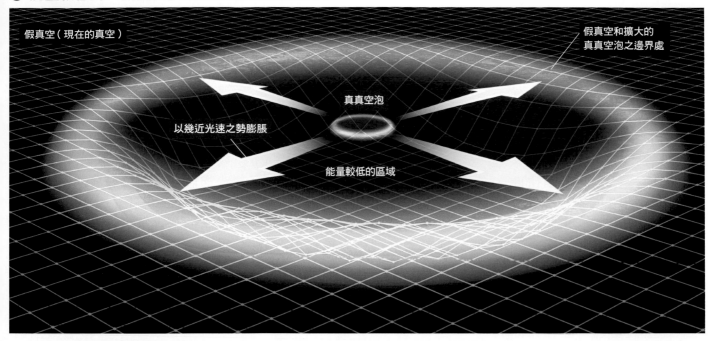

假真空（現在的真空）

假真空和擴大的真真空泡之邊界處

真真空泡

以幾近光速之勢膨脹

能量較低的區域

發生真空衰變之真空能量較低的區域（藍色凹陷區域）呈同心圓狀擴展開來的 2 維示意圖。在真真空和假真空的邊界處，能量增加到非常高的程度。真真空泡越大，則邊界處的面積相對於真真空區域的體積比例就越小，所以一開始發生真空衰變時的真真空泡大小規模，將會決定後來的能量會增加到什麼程度。真空衰變的能量如果達到一定的程度，真真空泡就會膨脹，若非如此，則真真空泡就會立刻消滅。

我們逼近的徵兆。

極小的「真真空泡」可能會摧毀宇宙

橋本教授表示，即使藉由穿隧效應而產生「真真空泡」，也有可能不會膨脹，反而立刻消滅。真空衰變是指真空狀態變成能量較現在更低的現象。不過，儘管真空衰變發生區域所具有的能量很低，但它與其他真空之間的邊界處卻具有非常高的能量。因此，一開始藉由穿隧效應而發生真空衰變的區域如果太小，則因真空衰變所造成的能量降低程度，可能還比不上因形成真空邊界處所造成的能量增加程度。此時就整體的能量而言，會傾向於回到原來的真空，而非維持發生真空衰變的區域，所以「真真空泡」就會消滅。

諸井教授說：「根據粗略的概算，若要在發生真空衰變後逐漸擴大，必須產生比質子小10位數左右的真空衰變泡才行。」質子的半徑只有 1 毫米的 1 兆分之 1 的程度而已。藉由穿隧效應產生比它還要小10位數的「真真空泡」，進而把宇宙吞噬掉，這個可能性有多大呢？

依據基本粒子物理學的基本理論（標準理論）加以計算的結果，在人類能夠觀測的宇宙範圍中，發生真空衰變然後吞噬宇宙的機率，是10^{554}億年 1 次左右。當然，這當中含有極大的誤差，但若考量到現今宇宙的年齡只有138億歲，則這個宇宙似乎不會立刻被「真真空泡」吞噬掉！反過來說，如果假設尺度遠比質子還要小的真空衰變已經反覆地發生又消滅了許多次，或許也是一件合理的事情。

但是，標準理論並不能完全說明宇宙中可能發生的一切現象。也就是說，將來基本粒子物理學建立出超越標準理論的新理論，其過程中這個「真真空」大約每10^{554}億年吞噬宇宙 1 次的機率估計值，還是很有可能做大幅的修正。

極小的黑洞會成為真空衰變的種子？

橋本教授表示，即使依據現有的理論，產生足以吞噬宇宙的

「真真空泡」機率似乎也會有很大的變動。例如，密度超高而成為巨大重力源的「黑洞」，其周圍可能就比較容易發生真空衰變。

根據愛因斯坦所提出的廣義相對論，所謂「重力」，就是因為「空間扭曲」所產生的力。也就是說，在黑洞這個巨大重力源的周邊，空間大幅扭曲。橋本教授說：「真空衰變就像是玻璃瓶中的碳酸『氣泡』。」氣泡不是從玻璃瓶的側面，而是自瓶底產生冒上來的。此乃因為氣泡在彎曲、轉角、扭曲之處比平坦處更容易產生。事實上，真空衰變也可能在扭曲的空間周邊更容易產生。

有可能會成為真空衰變「種子」的黑洞稱為「原始黑洞」（primordial black hole），這種極小的黑洞似乎在宇宙剛誕生時便形成了，並可能發生所謂

「霍金輻射」（Hawking radiation）的熱輻射而逐漸縮小，最後蒸散於無形。但是，根據最近的研究，如果以原始黑洞為核而產生了中心與黑洞一致的「真真空泡」，則或許在黑洞經由霍金輻射而蒸散之前，「真真空泡」就已在宇宙中擴大開來了。

不過，追根究柢，原始黑洞是否真的存在？就算真的存在，也不知道它在宇宙中分布的狀況如何。因此，以原始黑洞為核發生真空衰變而把宇宙吞噬的機率有多大，並無法準確地預測。

真空衰變之後，物理法則遭致破壞，一切構造都將潰散！？

宇宙是由放在真空這個「基礎」上的各種基本粒子所構成。那麼，如果因為真空衰變導致

這個「基礎」的性質產生劇烈變化，則宇宙樣貌究竟會變成什麼樣子呢？

如果前面所談的真空衰變真的發生了，至少，希格斯玻色子的根源（希格斯場）值可能會比現值大約 10^{16} 倍。大致上來說，基本粒子的質量和希格斯場的值成正比。所謂質量是指「物體行動的難易度」。橋本教授說明：「也就是說，如果發生真空衰變，那這個世界中一切具有質量的基本粒子將會變得非常『重』，再也無法像先前一樣行動。」

包括你我的身體在內，宇宙中一切物質基本上都是由無數個「原子」所構成。原子則由質子和中子構成原子核，以及包覆在原子核周圍的電子所構成。而質子和中子又是分別由三個「夸克」這種基本粒子，藉由「強力」結合在一起，而維持著它們的形貌。

在希格斯場的值變極大後的世界中，包覆原子核之電子的質量會大增，因此很難想像電子會如現狀般分布在原子核周圍。諸井教授還說：「在希格斯場的值增加到極大的狀況下，強力的影響可能會減弱。其結果，原子核本身或許也無法維持住它的樣貌吧！」如果沒有原子核，原子就不再是現在的樣貌。由於真空衰變的關係，說不定一切構造都會在原子的層次潰散。

諸井教授接著再說道：「在真空衰變後的世界中，各個基本粒子之間的作用力將會變得與現行世界完全不一樣。如果能夠更準確掌握真空衰變後世界

⊘ 真空衰變的發生率急速上升

真空衰變以原始黑洞為中心擴大之示意圖。圖中原始黑洞的大小稍有誇張。目前還不十分清楚，遭真空衰變吞噬的原始黑洞是繼續湮滅消失，還是保持形貌而殘留下來？預計將會依循真空衰變後之世界的物理法則，而有無限個可能性。

⊙ 真真空之中的原子衰變

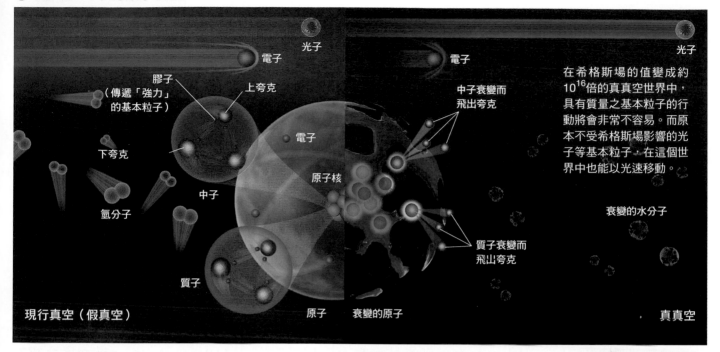

光子

電子

膠子
（傳遞「強力」
的基本粒子）

上夸克

下夸克

氫分子

中子

質子

電子

原子核

現行真空（假真空）

原子

電子

光子

中子衰變而
飛出夸克

在希格斯場的值變成約 10^{16} 倍的真真空世界中，具有質量之基本粒子的行動將會非常不容易。而原本不受希格斯場影響的光子等基本粒子，在這個世界中也能以光速移動。

衰變的水分子

質子衰變而
飛山夸克

衰變的原子

真真空

示意圖中，左側為現行世界中原子和基本粒子的樣貌，右側為真空衰變後原子和基本粒子的樣貌。構成我們身體的原子得能保持現有的形貌，乃在於基本粒子的質量，以及基本粒子間的作用力達到絕妙平衡。如果因為真空衰變而破壞了這個平衡，我們身體自是不在話下，包括這個世界中的一切構造，全都會在原子的層次發生崩毀。

中基本粒子的質量，或許便能計算各個基本粒子之間的作用力有多大。」

宇宙剛誕生時，真空似乎在「緩和地」變化

事實上，在這個宇宙初生之際，希格斯玻色子的根源（希格斯場）性質也曾經發生過巨大的變化。宇宙剛誕生時可能處於非常高溫、高密度且一切基本粒子摻雜混亂的狀態。橋本教授進一步指出道：「我們現在稱之為『希格斯玻色子』的基本粒子，在宇宙肇始時的性質應該也和現今完全不同！」但是，宇宙剛誕生不久就瞬間急速膨脹，一下子冷卻下來。在這個時候，可能發生了「真空相變」。在基本粒子物理學中，

把這次相變稱為「電弱相變」。藉由這次相變，包括希格斯玻色子在內的各種基本粒子開始擁有現行的質量。

發生真空相變，就等同於發生「真空衰變」嗎？橋本教授提醒道：「這件事情並沒有這麼簡單。」

如果發生真空衰變，那麼在宇宙空間中應該會藉穿隧效應，突然冒出性質和以往宇宙完全不同的空間。但根據截至目前為止的研究結果，宇宙初期發生的真空相變，其真空的狀態極有可能是逐步地連續變化，漸漸演變成現今的樣貌。事實上，這樣緩和平穩的變化，並不能稱之為真空衰變。

只是，也有人認為，如果宇宙初期發生的真空相變就是真空衰變的話，就能圓滿解釋現

行宇宙所存在物質的量。因此，基本粒子物理學研究者之間，針對宇宙誕生初期所發生的真空相變，究竟是緩和地變化？抑或者是急遽地變化，也就是真空衰變？至今依然爭論不休。

只要走兌一步，宇宙就會遭到真空衰變吞噬

前面說過，在一般的空間中，真空衰變的發生機率是每 10^{554} 億年才 1 次左右。實際的計算中，這個值落在 10^{284} 億年～10^{1371} 億年 1 次的範圍內。會有這麼大的誤差，原因在於「頂夸克」。

根據以往的實驗，頂夸克的質量可能落在 170GeV～175GeV 的範圍內。我們無法精

確地預測真空衰變的發生機率，正是因為我們無法精確地推估頂夸克質量之值。質量越大，表示受到希格斯玻色子的影響越大。也就是說，如果能夠確切掌握頂夸克的性質，便能夠更詳細了解對真空性質具重大影響的希格斯玻色子，進而更精確了解真空的性質。

事實上，根據諸井教授等人的計算，只要頂夸克的質量再大個10GeV左右，則真空衰變發生的機率範圍，即使包含誤差在內，就上升到數十億年1次～100億年1次的程度，會和我們宇宙的年齡差不多。也就是說，只要頂夸克及希格斯玻色子的質量和現值稍有不同，或許宇宙早就遭致真空衰變吞噬掉了。現行宇宙的物理法則，可以說是建立在極其巧妙的平衡之上！

無法觀測到的宇宙已發生真空衰變？

另一方面，也有可能在宇宙某處早已發生真空衰變。目前已知宇宙正在持續膨脹，距我們越遠的天體會以越快的速度遠離而去。在能夠觀測到的宇宙範圍外側，可能還有宇宙空間存在。位於如此遙遠之處的宇宙空間，就我們來看，遠離速度將會超過光速。

目前不知道宇宙的範圍有多大，可能是無窮大。如果宇宙真的如此浩瀚，則我們看來是以超過光速之勢膨脹的宇宙空間，就算其中某處已發生真空衰變，也是不足為奇。不過，發生真空衰變的區域擴大之勢無法超過光速，因此，即使在以超過光速之勢退離的宇宙空間中，真的有某區發生真空衰變，該區也不會擴展到地球這邊來（參照下圖）。

存在不會發生真空衰變的「捷徑」？

如果經過了天荒地老的漫長歲月之後，宇宙擴展到了無限大，是不是終究會發生真空衰變呢？倒也不能這麼認為。第119頁曾經說明，前面所介紹的真空衰變，發生的機率只是用

⊙ 能予觀測的宇宙範圍「之外」發生的真空衰變不會擴展到地球

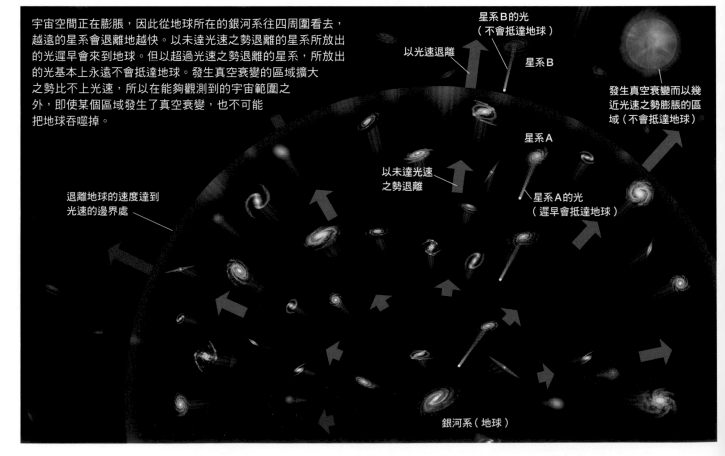

宇宙空間正在膨脹，因此從地球所在的銀河系往四周圍看去，越遠的星系會退離地越快。以未達光速之勢退離的星系所放出的光遲早會來到地球。但以超過光速之勢退離的星系，所放出的光基本上永遠不會抵達地球。發生真空衰變的區域擴大之勢比不上光速，所以在能夠觀測到的宇宙範圍之外，即使某個區域發生了真空衰變，也不可能把地球吞噬掉。

星系B的光（不會抵達地球）

以光速退離

星系B

發生真空衰變而以幾近光速之勢膨脹的區域（不會抵達地球）

星系A

以未達光速之勢退離

星系A的光（遲早會抵達地球）

退離地球的速度達到光速的邊界處

銀河系（地球）

標準理論計算所得到的值。雖然有許多學者認可標準理論是符合各式各樣實驗結果的精密理論，但畢竟還有許多現象無法用標準理論予以解釋。因此，在基本粒子物理學的領域中，正在建構超越標準理論的新理論。

舉例來說，「超對稱理論」（supersymmetric theory）預測「超對稱粒子」（參照右上圖）的存在，這是與標準理論所設想的基本粒子配對的基本粒子。如果超對稱粒子真的存在，則在計算真空能量之際，也必須考慮它的影響。這麼一來，根據標準理論所預言的「真真空」，也有可能其實是不存在的。

「真真空」有無數多個！？

但是，超對稱粒子的存在同時也招來了新的問題。諸井教授說：「如果發現了超對稱粒子，或許會出現另一種可能性，即由於它的性質而導致以往未曾設想過的『其他真空衰變』發生。」如果超對稱粒子真的存在，則即使比希格斯玻色子的根源（希格斯場）之值大上10^{16}倍左右的「真真空」不復存在，也難保不會有符應超對稱粒子的質量而比現行真空更低能量的「真真空」存在。這個真空衰變的發生機率，因為是依超對稱粒子的性質而定，所以在發現超對稱粒子之前，很難做什麼預測。

此外，根據橋本教授所鑽研的「超弦理論」，不同性質的真空可能有多達10^{500}種。橋本教授說：「如果真空的性質不同，則即使是同一種基本粒子，也可能會呈現出完全不同的性質。而如果把它當成『不同宇宙』的話，或許就表示有無數個宇宙存在。」也就是說，可能在無限廣闊的宇宙各個角落都發生過真空衰變，而且已經有無數個不同宇宙存在。

探求支配宇宙的數學式

基本粒子物理學的終極目標，就是完成能夠解釋一切現象以及物理法則的「支配宇宙之數學式」。由於希格斯玻色子的發現，基本粒子物理學紮紮實實地邁向下一個階段。但是，才剛解決一道謎題，卻又出現好幾道新謎題擺在我們眼前。真空衰變就是其中之一。

⊙ 何謂超對稱粒子？

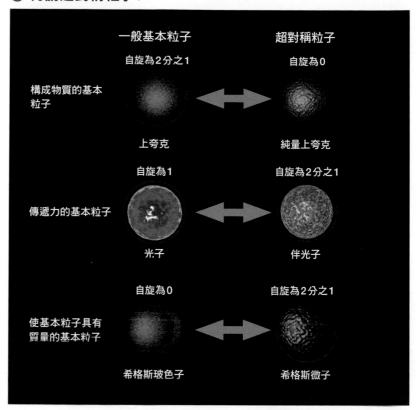

圖示為一般基本粒子以及與其成對的超對稱粒子凡例。紅色箭頭表示各種粒子所具「自旋」值的大小。若基本粒子的自旋為2分之1，則和它配對的超對稱粒子之自旋為0。若基本粒子的自旋為整數，則和它配對的超對稱粒子之自旋為半整數（2分之1或2分之3）。此外，超對稱粒子的質量可能比一般基本粒子大一些。

從什麼都沒有的「無」生成宇宙？

這個廣闊無垠的宇宙到底從哪裡來？以什麼方式起始的呢？1980年代，結合廣義相對論和量子論這兩個物理學的重大理論，建立了解釋宇宙肇始瞬間的假說。根據這個說法，我們的宇宙是從既沒有時間，也沒有空間，什麼都沒有的「無」誕生出來的。這究竟是怎麼一回事呢？本章將詳加說明。

協助　和田純夫

宇宙是如何開始的呢？

我們來談一個古老的話題。有多古老呢？這是遠比我們地球誕生日還要古早許久，**宇宙肇始瞬間的話題**。

這個廣闊無邊的宇宙究竟是如何誕生的呢？

為了解開這個世界上最難解的謎題，古代的宗教家、哲學家，後來還有物理學家等，紛紛投入研究。雖然說是尋找解答，但是，宇宙的開端距離現在已經這麼久了，想要找到當時留存至今的證據，可說是難上加難。那麼，該怎麼辦呢？進入20世紀之後，物理學家開始列出複雜的式子，試圖釐清宇宙誕生瞬間的樣貌。

右圖就是希望闡明宇宙誕生瞬間的假說示意圖。許多個極其微小的「宇宙蛋」不斷生成又消失，其中有一個突然以驚人之勢開始膨脹，接著發展成我們的宇宙。

曾有過宇宙存在但不穩定的「動盪」狀態？

本圖為1980年代英國物理學家霍金、美國物理學家比連金等人分別提出的宇宙誕生瞬間示意圖（把各個時刻的宇宙空間設想為一個「環」，再依照時間順序將其疊合起來）。這些假說的建立，乃植基於廣義相對論和量子論這兩個物理學的重大理論。

如果依據這些假說來思考，則宇宙誕生前的瞬間，是處於宇宙之存在本身並不穩定的「動盪」狀態。看起來類似漣漪狀的東西，表示處於並不穩定存在的動盪狀態（也就是說，漣漪並不是實體）。在這樣的狀態之中，無數個微小的宇宙蛋開始生成又立刻消失。但在偶然之間，其中有個宇宙蛋沒有消失，竟持續膨脹擴大（圖中央），之後即發展成我們的宇宙。

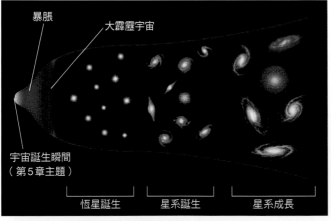

暴脹
大霹靂宇宙
宇宙誕生瞬間（第5章主題）
恆星誕生　星系誕生　星系成長

宇宙誕生的瞬間和歷史

宇宙歷史示意圖（各個事件的時間間隔並未精確呈現）。在恆星和星系誕生之前，宇宙是個高溫、高密度且非常小的火球（大霹靂宇宙）。在這之前，可能發生了宇宙空間急遽膨脹的暴脹。本章將詳細說明的部分，是在此暴脹前的宇宙「開端」。

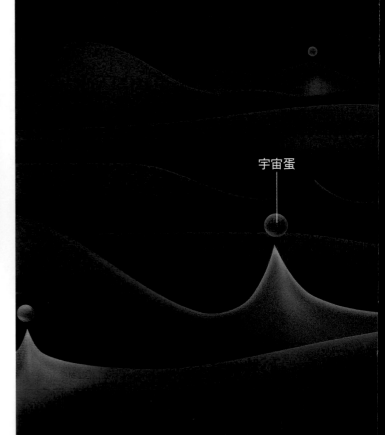

宇宙蛋

廣義相對論闡明宇宙並非永恆不變

想必有人乍聽「宇宙誕生」一詞的時候，會有不著頭緒的感覺。

「宇宙就是個容納萬物的『容器』，其中會發生萬物的誕生、成長、消滅等種種變化，但容器本身是永遠不會改變的。」直到某個時期之前，物理學家依然秉持著這樣的概念，視之為理所當然。

但到了1915～1916年，愛因斯坦發表關於重力與時空（時間與空間）的「廣義相對論」，使大眾對宇宙的看法大幅扭轉。宇宙空間這個容器並非永遠固定不變。位於空間內的物質會依其本身的質量大小，使周圍的時空產生不同程度的扭曲。

如果宇宙空間的各個地方都會受到物質的影響而變形，那麼整個宇宙空間到目前為止曾經發生過什麼樣的變化呢？愛因斯坦把廣義相對論方程式套用到整個宇宙空間進行計算，結果發現它並不是一直保持著相同大小，整體來說，它有可能會膨脹，也有可能會收縮。

由於這個結果不符合愛因斯坦所篤信的「宇宙永恆不變」形象，因此他在方程式裡加了一項（參照右頁延伸專欄），以便讓宇宙保持永遠靜止。但另一方面，俄羅斯數學家弗里德曼（Alexander Friedmann，1888～1925）則直接就接受了「宇宙會變化」這個結果。

愛因斯坦
（1879～1955）

宇宙

宇宙空間會膨脹或收縮

廣義相對論主張宇宙本身可能會膨脹、收縮或扭曲，這個新概念衍生出探索宇宙「生平」的研究流派。本圖為了讓讀者易於了解宇宙空間的變化，特將之描繪成 2 維的形式（以球面呈現）。

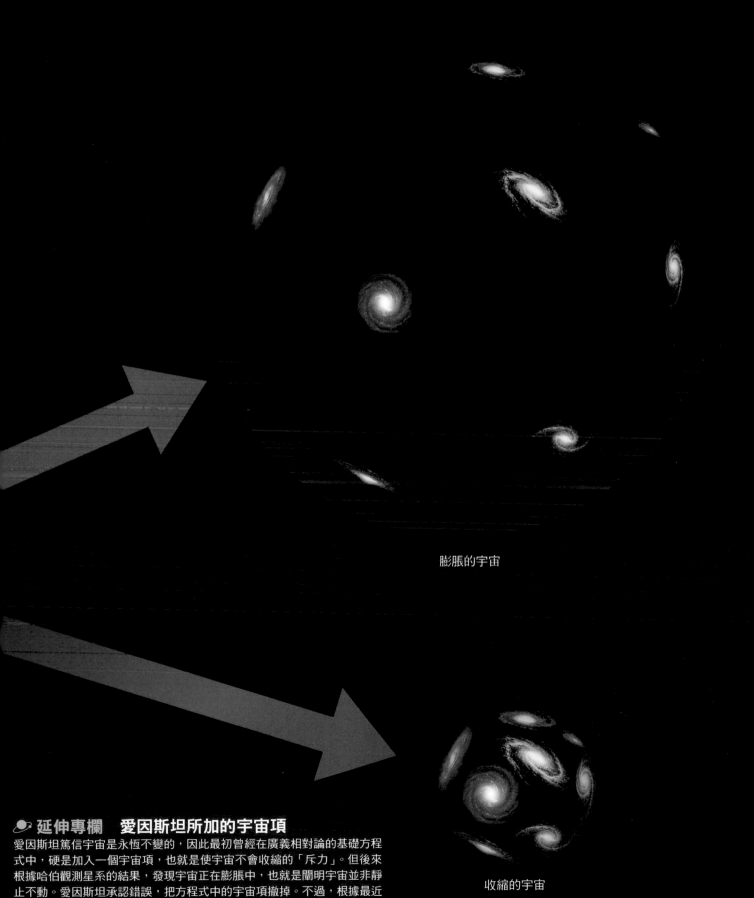

膨脹的宇宙

收縮的宇宙

🪐 延伸專欄　愛因斯坦所加的宇宙項

愛因斯坦篤信宇宙是永恆不變的，因此最初曾經在廣義相對論的基礎方程式中，硬是加入一個宇宙項，也就是使宇宙不會收縮的「斥力」。但後來根據哈伯觀測星系的結果，發現宇宙正在膨脹中，也就是闡明宇宙並非靜止不動。愛因斯坦承認錯誤，把方程式中的宇宙項撤掉。不過，根據最近的研究，逐漸了解宇宙的確在加速膨脹。因此，宇宙項又復活了，轉而代表引發加速膨脹的力（暗能量）。

時間回溯可追溯到一個「點」

弗里德曼根據廣義相對論，計算宇宙空間從過去到未來的變化，導出宇宙會持續膨脹，或是總有一天會收縮等三種宇宙模型，但無論是哪種模型，如果回溯到初始，宇宙空間都會塌縮而成為一個點。**這個點稱為「奇異點」（singularity），是指時空的扭曲程度達到無限大的點，在這個地方，物質的密度和溫度也會達到無限大。**

霍金博士和英國數學兼物理學家潘洛斯（Roger Penrose，1931～）於1970年依據弗里德曼的宇宙模型，在更廣泛的狀況下，藉回溯宇宙的時間以研究宇宙空間的收縮情形，得出**「在依據廣義相對論來思考的前提下（在物質表現出慣常行為這項條件的基礎上），回溯膨脹的宇宙，最終必定會得到塌縮成為奇異點」的結論。這稱之為「潘洛斯-霍金奇異點定理」（Penrose－Hawking singularity theorems）。**

宇宙的過去會到達奇異點，這個定理使得物理學家深感苦惱。為什麼呢？**因為以物理學計算奇異點的結果為無限大，根本無法處理。**因此，如果主張宇宙是從這個點肇始，將無法闡明宇宙誕生瞬間的模樣。

也就是說，只憑廣義相對論來思考，並無法闡明宇宙誕生的瞬間。

時間的進行 →

奇異點

弗里德曼提出的膨脹宇宙模型

上方為弗里德曼根據廣義相對論方程式所導出的宇宙模型示意圖。宇宙自誕生之後就一直不斷在膨脹。

只憑相對論無法闡述宇宙的開端

若依據廣義相對論來思考，則宇宙的開端會成為一個「奇異點」。圖示為宇宙自奇異點出發，隨著時間推移而逐漸膨脹變大（球面）。圖中越遠處表示肇始後經過越長的時間。物理學無法就奇異點進行計算，因此無法以科學論述來闡明宇宙的開端。

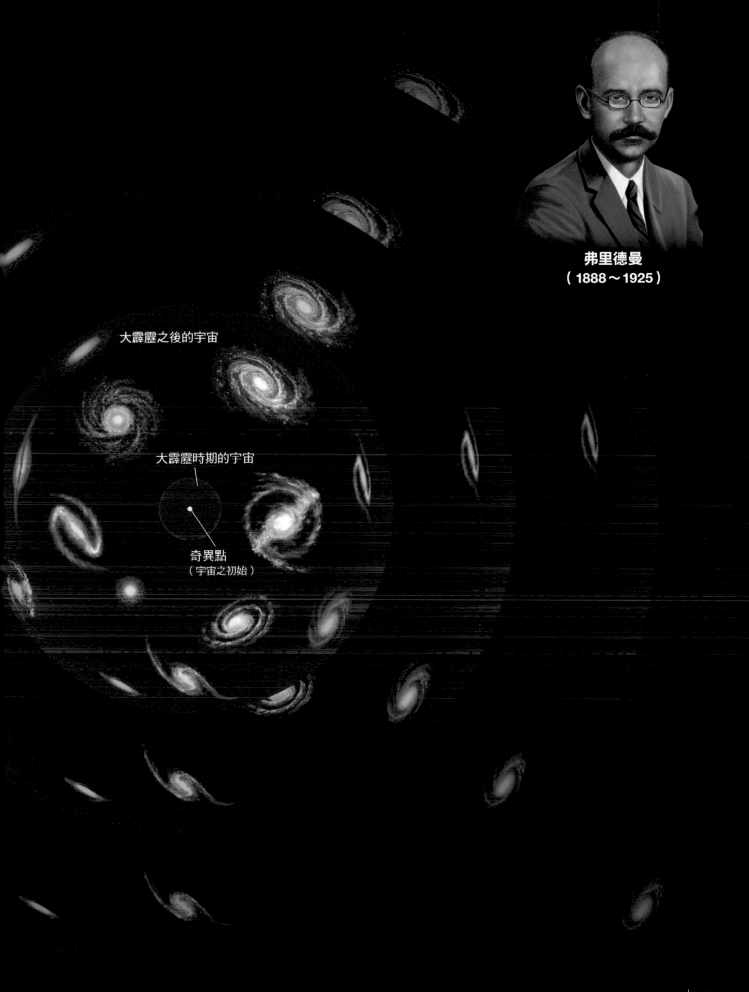

大霹靂之後的宇宙

大霹靂時期的宇宙

奇異點
（宇宙之初始）

弗里德曼
（1888～1925）

宇宙本身會生成又消滅？

只憑廣義相對論，無法闡明宇宙誕生的瞬間。在這裡，還需要**「量子論」**。量子論和廣義相對論一樣，都是20世紀初期誕生的重大理論，後來成為現代物理學的主要支柱。**這個理論主要在闡述原子等微小物質的動態及性質。**誕生初期的宇宙可能是一個非常微小的東西，因此在進行這方面的探討時，量子論便成為不可或缺的理論。

根據量子論的主張，物質「有」、「無」的存在本身，在我們無法辨識的極短時間（10之負20次方秒的程度以下）內，也會呈現不固定（動盪）的狀態。**即使在理應沒有任何東西存在的真空中，也會在一瞬間有成對的兩個粒子生成（對生成），隨即又立刻消滅（對湮滅）。**

真空的能量也不是一直保持0。以極短的時間來看，真空中各個地方的能量大小並非一直保持固定值（能量與時間的測不準原理），有時候也會具有非常高的能量。

根據愛因斯坦的相對論，能量能夠轉變成物質的質量。因此，在瞬間具有高能量的地方，這個能量可能會轉變成粒子，導致粒子的對生成。但是，生成的粒子又會立刻消滅，回復原來的狀態。

在宇宙誕生之時，似乎也發生了和這個粒子在真空中對生成‧對湮滅一樣的情形。科學家認為，**在宇宙的大小比10^{-33}公分※還要小的時候，宇宙的存在本身是動盪不定的，可能會反覆地生成又消滅。**

在這樣的「宇宙蛋」中，偶然間出現了一個銳不可擋的強勁之勢開始膨脹，後來終至發展成我們的宇宙。這個事件是什麼樣的機制所促發的呢？

※：這個10^{-33}公分稱為普朗克長度（Planck length），是由重力常數、光速（自然界最高速度）、普朗克常數（量子力學中的常數）組合而成之具有長度單位的量。乃物理學所能處理的最小長度。

宇宙誕生時，其存在本身是動盪不定的？

1960年代，美國物理學家惠勒（John Archibald Wheeler，1911～2008）提出了一個假說，在較普朗克長度（廣義相對論所適用的最小長度，相當於10^{-33}公分）還小的極小領域中，時空本身的存在可能有劇烈的動盪。如果宇宙的開端是在這樣的尺度發生，那麼宇宙的存在本身是否也動盪不定呢？

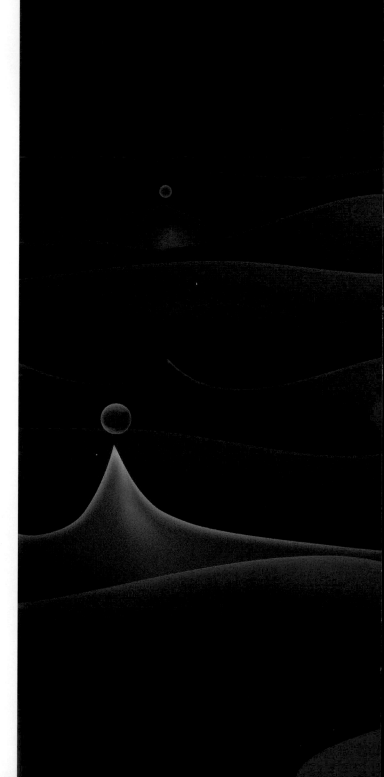

從瞬間高能量生出了粒子

粒子在真空中對生成·對湮滅示意圖。根據量子論，如果只看極短時間的話，可能會在其中突然冒出具有極高能量的地方。根據愛因斯坦的相對論，能量可以轉變成質量（$E=mc^2$），因此這個高能量會轉變成具有質量的粒子，使粒子成對誕生，即是粒子和反粒子（質量與伙伴相同但電荷相反）。

對湮滅的粒子　　反粒子

粒子

生成又立刻消滅的「宇宙蛋」。
其存在本身是動盪不定的

越過能量高山的「穿隧效應」
有助於宇宙誕生

反 覆產生又消滅的「宇宙蛋」必須急遽膨脹，才能發展成我們宇宙的樣貌。

美國物理學家維連金（Alexander Vilenkin，1949～）認為，宇宙蛋的命運和它的大小有關。若是太小，宇宙蛋就會立刻崩毀，短命而終；大一點的話，才能夠急遽膨脹。宇宙蛋若是要成長到能夠自然急遽膨脹的大小，這個過程需要非常龐大的能量。也就是說，必須超越「能量高山」（障壁）才行。

微觀粒子翻越理應無法越過的「山」

請想像一下球從某個高度朝谷底滾落的運動（**1**）。球滾到谷底之後，雖然會往上滾到與原先所在位置相同的高度（**2**），但又再度滾回谷底，結果就一直在谷底上下來回滾動，始終無法越過右側的山。這個運動在巨觀世界（我們平常所見的尺度）中是極為常見的。但在微觀世界中，粒子有時候會在瞬間獲得極為龐大的運動能量，而能翻越到山的另一側（**3**）。這種現象即稱為「穿隧效應」。

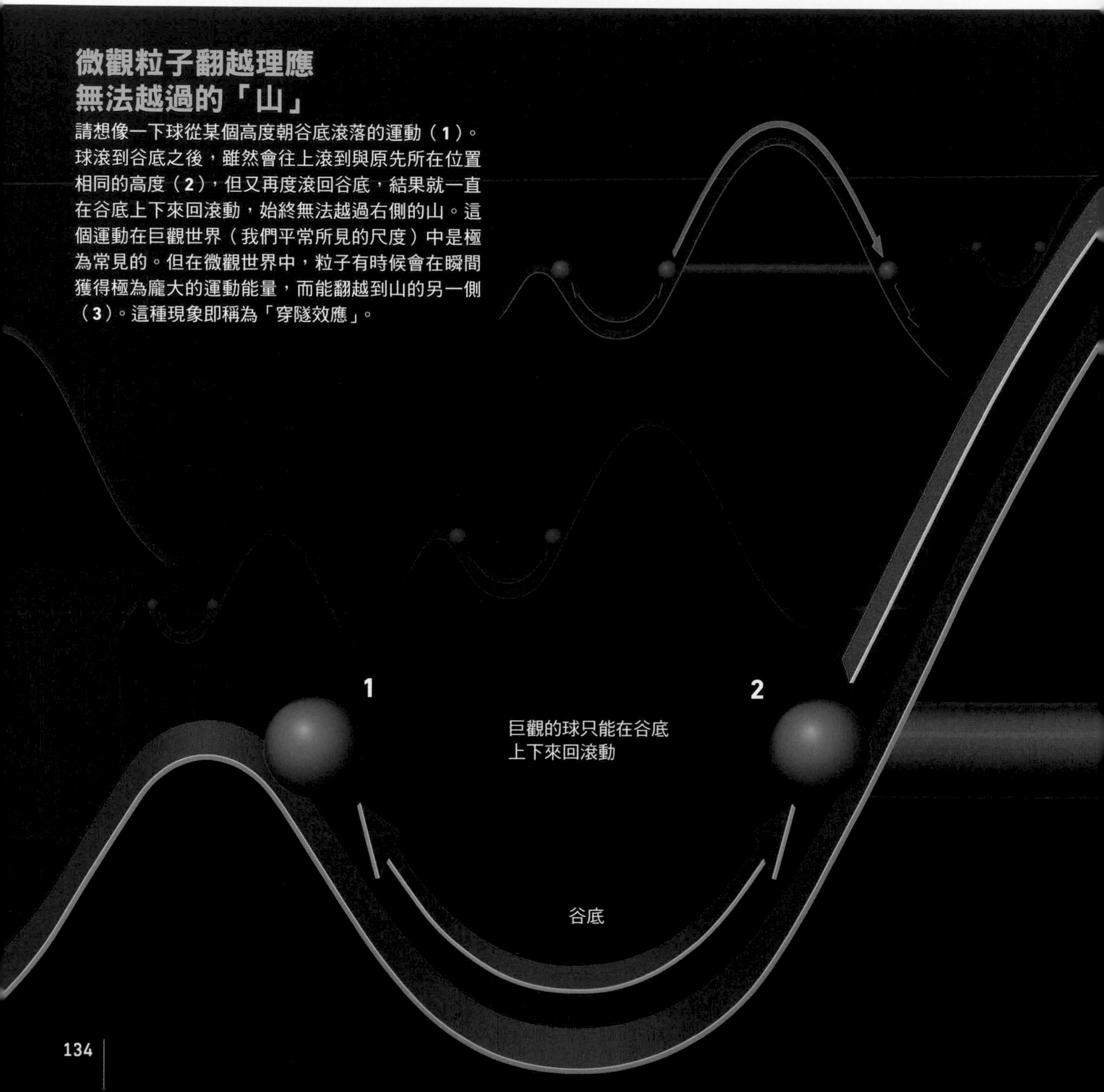

1

2

巨觀的球只能在谷底
上下來回滾動

谷底

根據量子論論述的「穿隧效應」

到底，要怎麼做才能辦到呢？維連金認為「宇宙蛋藉『穿隧效應』穿過『能量高山』，才得以將夭折的宇宙轉變成膨脹的宇宙，進而誕生我們現在所處的宇宙」。

穿隧效應是依量子論得到的現象。請回想一下前述的內容，在極短的時間內，能量大小會變得不確定。因此，粒子有時候會在一瞬間獲得極為龐大的運動能量。

由於在極短時間內變成這種「超級粒子」，因此能夠越過原本理應無法翻越的「能量高山」，來到它的另一側。看起來好像是粒子神不知鬼不覺地經由隧道貫穿「能量高山」而跑到另一側，所以把這種現象稱為穿隧效應。

越大的物體，發生穿隧效應這種現象的機率越低。像我們人類這麼大的物體，欲藉穿隧效應而輕鬆走到山的另一側，其可能性雖然不能說完全沒有，但還是認為它不會發生比較好。

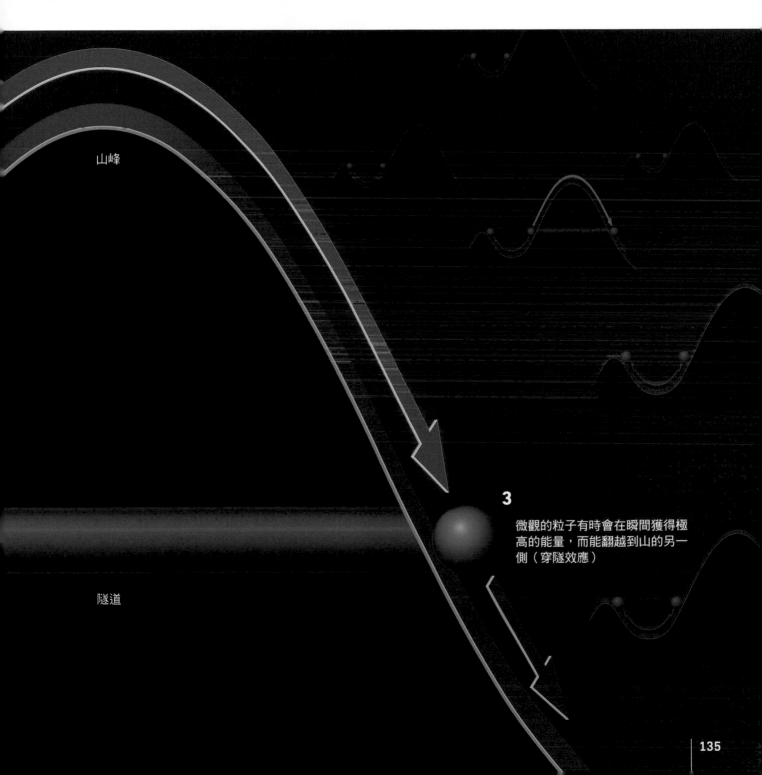

山峰

隧道

3
微觀的粒子有時會在瞬間獲得極高的能量，而能翻越到山的另一側（穿隧效應）

大小為 0 的宇宙蛋也會發生穿隧效應

維連金繼續進一步思考。壽命短暫的宇宙蛋要轉變成急速膨脹的宇宙，最少需要何等程度的大小呢？如果宇宙蛋不斷地縮小會發生什麼情況呢？

研究之後竟然得到驚人的答案。**即使宇宙蛋的大小為 0，穿隧效應的發生機率也不會是 0（3）**。倒不如說將其設為 0 的計算方式還比較簡單。

根據這個結論，維連金於 1982 年發表了「宇宙從無誕生」的假說，**主張我們的宇宙是從既沒有空間、時間，也沒有任何東西的「無」中誕生出來的**。

這個無不停地動盪著，無數個超微小宇宙誕生又隨即收縮而消滅。但是，在這些超微小宇宙當中，可能有一個藉由穿隧效應而得以幸運地膨脹起來（暴脹），這個宇宙後來就發展成為我們的宇宙。

藉由穿隧效應而創造出來的小宇宙，具有非常高的能量。這個真空能量產生了遠方天體之間的斥力，換句話說，也就是空間的膨脹力，才使得這個小宇宙急遽地膨脹擴大（暴脹）。

如果宇宙蛋不斷地縮小……

維連金再次探索，如果微小的宇宙蛋不斷地縮小，會發生什麼情況呢（1～3）？研究結果顯示出，即使把宇宙蛋的大小收縮到 0，它也有機會藉由穿隧效應使宇宙得以急速膨脹，而發展成我們現行宇宙的樣貌。根據這個結果，遂主張我們的宇宙可能是從大小為 0 的「無」誕生出來的。

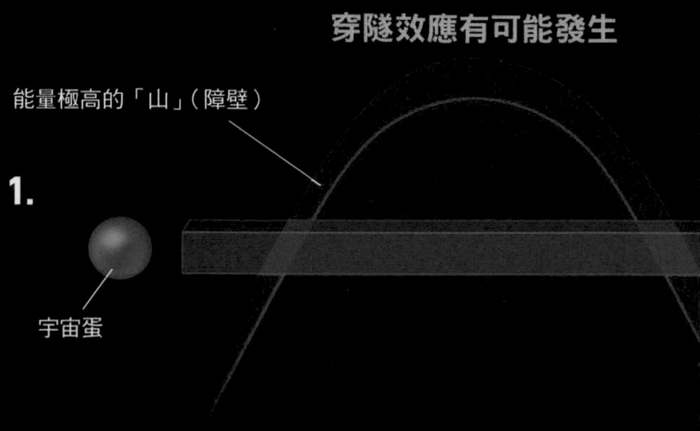

穿隧效應有可能發生

能量極高的「山」（障壁）

1.

宇宙蛋

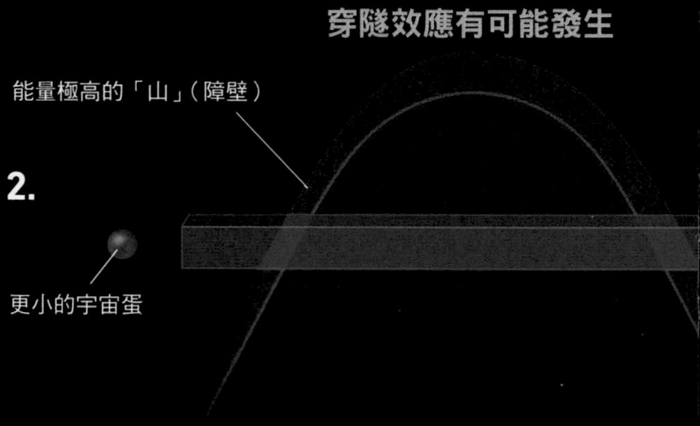

穿隧效應有可能發生

能量極高的「山」（障壁）

2.

更小的宇宙蛋

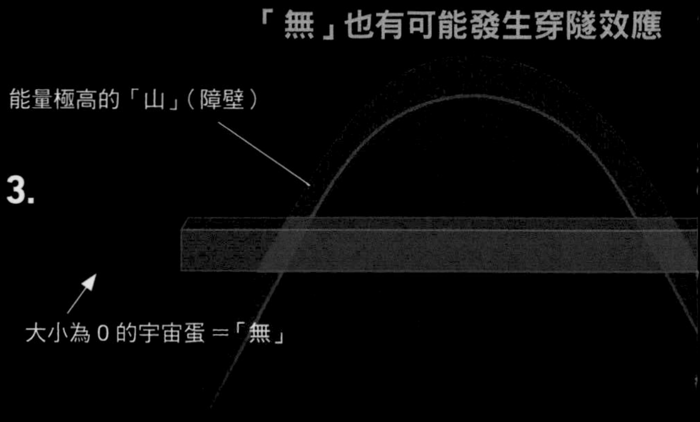

「無」也有可能發生穿隧效應

能量極高的「山」（障壁）

3.

大小為 0 的宇宙蛋＝「無」

維連金（1949～）

維連金以荷蘭天文學家德西特（Willem de Sitter，1872～1934）所提出的宇宙模型為出發點，鑽研宇宙誕生的瞬間。德西特的宇宙模型是根據廣義相對論所導出的模型，主張「宇宙在收縮到某個程度的大小之後，將轉為膨脹態勢」。維連金思考，能不能藉穿隧效應讓這個邁向膨脹的宇宙和「無」建立連結。

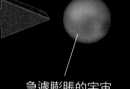

急遽膨脹的宇宙
球面上所呈現的圖案不具科學意涵。

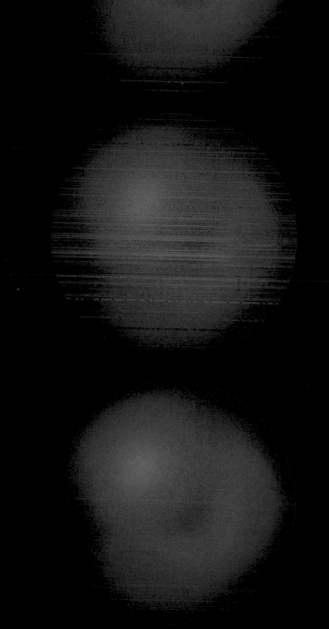

宇宙的開端並非「特別的瞬間」？

在 維連金提出宇宙從無誕生的假說後第二年，英國的物理學家霍金和美國的物理學家哈托（James Hartle，1939～ ）共同提出「宇宙無邊界論」（no-boundary theory）。

在只依據廣義相對論所建立的模型中，宇宙的開端是一個「奇異點」。由於無法在奇異點進行物理學的計算，以致於無法闡明宇宙誕生的瞬間。但是，如果依據宇宙無邊界論，

擁有虛數時間的平坦宇宙開端

圖示為只依據廣義相對論所建立的宇宙誕生模型，和納入量子論所建立的宇宙誕生模型，兩者「樣貌」的比較。表示宇宙各個時期的空間之環，由下依序往上疊合。在只依據廣義相對論所建立的宇宙誕生模型中，宇宙的開端會成為一個特別的奇異點，以至於無法用物理學計算出宇宙誕生的瞬間。

但在納入量子論所建立的宇宙誕生模型之後，藉著把虛數時間導入宇宙誕生的瞬間，使空間和時間變成沒有區別，於是底部形狀變得平坦。這麼一來，宇宙的開端就和其他時期沒有什麼區別了。結果可望解答宇宙誕生之謎。

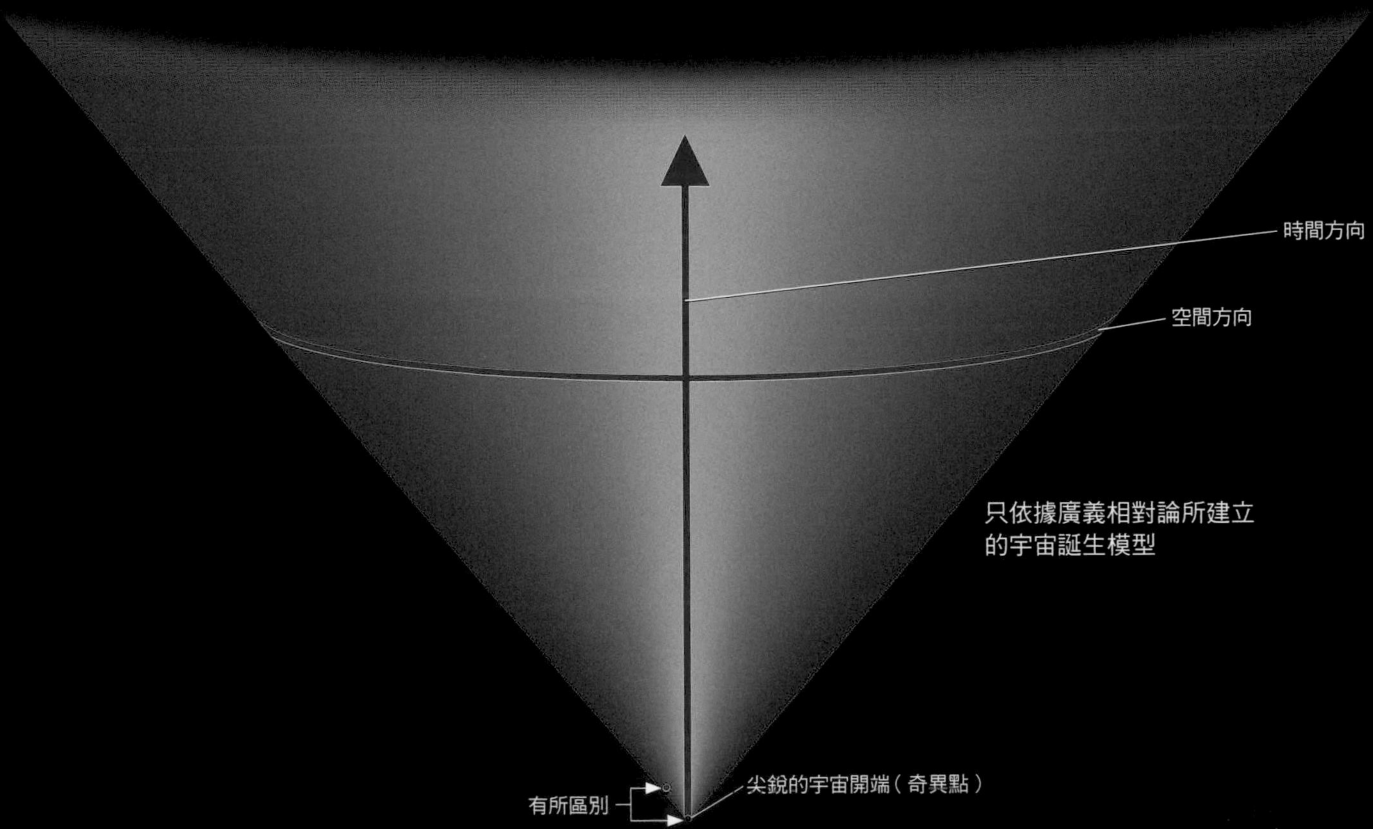

時間方向

空間方向

只依據廣義相對論所建立
的宇宙誕生模型

有所區別

尖銳的宇宙開端（奇異點）

假設宇宙誕生之際有「**虛數時間**」在流動，便能迴避宇宙開端的奇異點。

此處讓我們思考一下時間和空間。空間是個能夠自由來來去去的地方，時間卻只能從過去往未來單向進行。由此可知，在我們慣用之實數時間的世界中，時間和空間的處理並不相同。**但在虛數時間的世界中，空間和時間可以放在同一個層面上進行計算。**

如果在宇宙開端之際，空間和時間處於同等地位，**那麼宇宙的開端將不再是無法計算的特別點（奇異點），而和其他時期的宇宙沒有什麼區別。**打個比方，南極點是地球最南端（相當於宇宙的開端），但是和地球上其他地點（相當於宇宙開端以外的時間）相較，並沒有什麼特別的差異。奇異點也是類似的情形。如此便避開了奇異點。

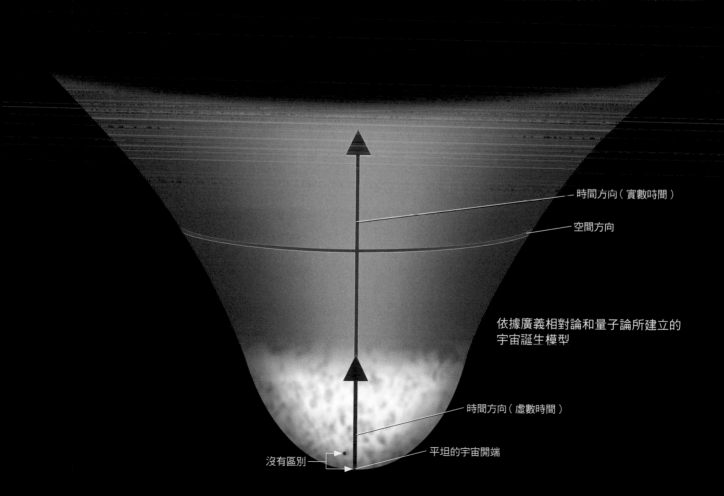

霍金（1942～2018）

霍金深切地體認到量子論的重要性，在思考宇宙誕生的瞬間和黑洞的議題時，始終積極納入量子論的效應。此外，對於「宇宙為什麼會形成現在的樣貌」這個問題，非常不喜歡「偶然」這個答覆。因為這會讓人覺得無法闡明與宇宙淵源相關的秩序。

🪐 延伸專欄
「虛數時間」令時間和空間變得沒有區別的理由

相對論認為，即使在空間上處於相同的地方，也會因時間的流動而成為不同的地點。可用下列數學式的「時空距離」這個概念予以說明。

$$（時空內的距離）^2 = （空間方向的距離）^2 - （時間的流動）^2$$

關於時空內的距離，如果是實數時間，則「空間方向」是正的要素，「時間方向」是負的要素。但是，如果是虛數時間在進行，則出於虛數的 2 次方為負數，所以「時間方向」便成為正的要素，使得空間方向和時間方向變得沒有區別。也就是說，宇宙的開端不再是一個奇異點，而與其他時期沒有分別。

時間方向（實數時間）

空間方向

依據廣義相對論和量子論所建立的宇宙誕生模型

時間方向（虛數時間）

沒有區別

平坦的宇宙開端

我們宇宙誕生之瞬間有奇妙的時間正在進行？

存在虛數時間的世界和我們這個擁有實數時間的世界，兩者有何不同？

舉個例子，其運動方向（加速度的方向）不一樣。**在虛數時間的世界中，受力的物體會往與力相反的方向運動（詳見下方）。**

例如，當蘋果受到下拉的重力時，在實數時間的世界中會往下掉落，在虛數時間的世界中則會往上浮升。

又或者以坡道為例，在虛數時間的世界中，球會自然地沿著坡道往上滾動。換個角度來看，**原本在實數時間的世界中是上坡道，在虛數時間的世界中卻變成下坡道。**

如果把這個情形套用在宇宙誕生的瞬間會是如何呢？**誕生後又立刻消滅的「宇宙蛋」必**

以 加速度＝$\dfrac{速度}{時間}$ 來表示。

由於 速度＝$\dfrac{距離}{時間}$，

把 $\dfrac{距離}{時間}$ 代入 加速度＝$\dfrac{1}{時間}$×速度 中的「速度」，

可得 加速度＝$\dfrac{距離}{(時間)^2}$。

把這個式子的時間項替換成「i×時間」。因為 $i^2 = -1$，

所以 虛數時間的加速度＝$\dfrac{距離}{(i×時間)^2}＝-\dfrac{距離}{(時間)^2}$

正負符號和實數時間的情況相反。

在實數時間的世界和虛數時間的世界中，物體的運動方向剛好相反

一如「$3i$」，所有虛數都帶有「i」這個符號。「i」是2次方會成為－1的數，亦即－1的平方根。那麼，虛數時間又是什麼樣的時間呢？我們以加速度為例，施加力於物體時，它會沿著力的方向運動。這個時候，物體會加速到什麼程度，是以「加速度」來表示（加速度是指每1秒鐘的速度變化）。如左列的數學式所示，在虛數時間的世界中，加速度的符號會與實數時間的世界相反。也就是說，如下圖虛數時間的世界中，手掌攤開之後，蘋果會往上飛；當磁鐵的N極和S極靠在一起，磁鐵會互斥排開。

大小為 0 的宇宙蛋

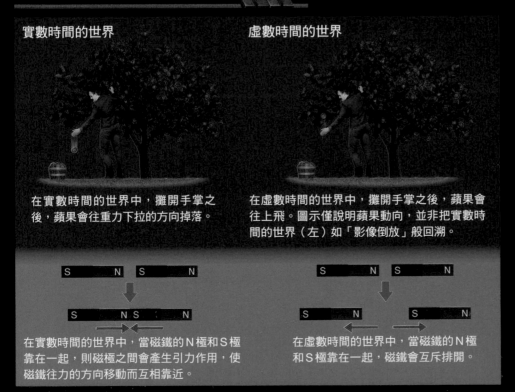

實數時間的世界

虛數時間的世界

在實數時間的世界中，攤開手掌之後，蘋果會往重力下拉的方向掉落。

在虛數時間的世界中，攤開手掌之後，蘋果會往上飛。圖示僅說明蘋果動向，並非把實數時間的世界（左）如「影像倒放」般回溯。

在實數時間的世界中，當磁鐵的N極和S極靠在一起，則磁極之間會產生引力作用，使磁鐵往力的方向移動而互相靠近。

在虛數時間的世界中，當磁鐵的N極和S極靠在一起，磁鐵會互斥排開。

須要越過極高的「能量高山」（能量障壁），才能夠轉變成急遽膨脹的宇宙。在虛數時間的世界中，「山」變成了「谷」，所以宇宙蛋能夠輕鬆通過這個「谷」而急遽地膨脹成宇宙（見圖）。也就是說，假設有虛數時間正在進行，便能自然而然地說明宇宙創生時的穿隧效應。

換句話說，必定是有虛數時間在進行，「無」才能藉穿隧效應而急遽膨脹成宇宙（在藉穿隧效應穿越「山」的瞬間立刻切換成實數時間）※。

維連金的「從無誕生的宇宙」模型，可說和霍金等人的「從虛數時間開始的宇宙」模型大致相似。不過，這些都是把簡化的量子論套入廣義相對論而建立的模型。若要正確地解說宇宙誕生的瞬間，**必須再進一步發展量子論，俾能處理微觀世界的重力，而成為「量子重力理論」才行**。因此，將在下一章介紹與此相關而備受注目的候選理論。　　🪐

※：在量子論中進行一般穿隧效應的計算時，或有可能出現虛數時間，但純粹只是計算上的技巧而已（進行的時間並非虛數時間）。相對地，在宇宙誕生之際發生穿隧效應時，虛數時間則是實際有在進行的。

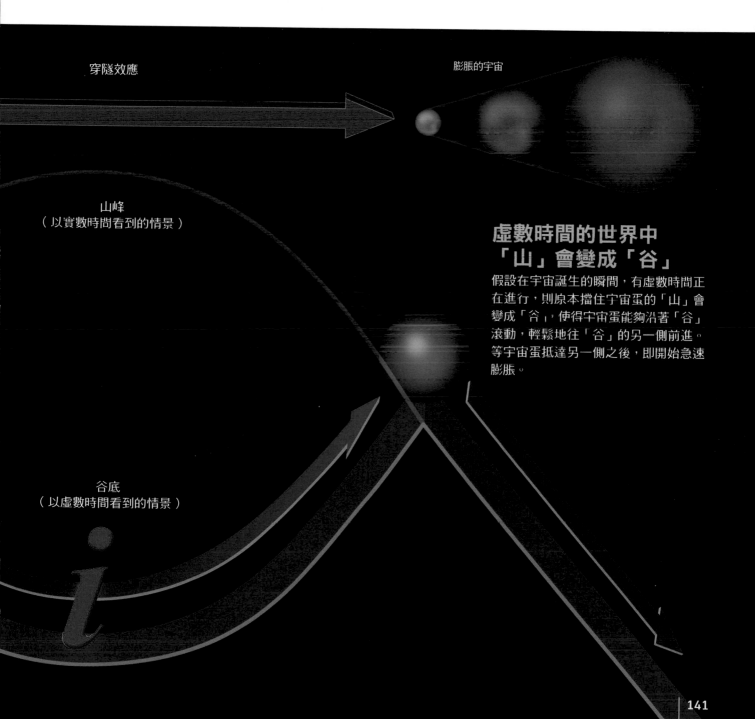

穿隧效應

膨脹的宇宙

山峰
（以實數時間看到的情景）

谷底
（以虛數時間看到的情景）

虛數時間的世界中「山」會變成「谷」

假設在宇宙誕生的瞬間，有虛數時間正在進行，則原本擋住宇宙蛋的「山」會變成「谷」，使得宇宙蛋能夠沿著「谷」滾動，輕鬆地往「谷」的另一側前進。等宇宙蛋抵達另一側之後，即開始急速膨脹。

超弦理論與「終極之無」

把所有物質繼續細細分解下去，最後會得到基本粒子。基本粒子一直以來被認為是大小為 0（無）的粒子，但根據最新的理論 ——「超弦理論」，卻主張它的本質是具有長度的極小之弦。這個理論徹底改變基本粒子的樣態，對於世界維度、宇宙創生以及終極之無，都帶來了嶄新的思考。

協助　夏梅 誠／橋本幸士／佐佐木 節／向山信治／村田次郎／陣內 修

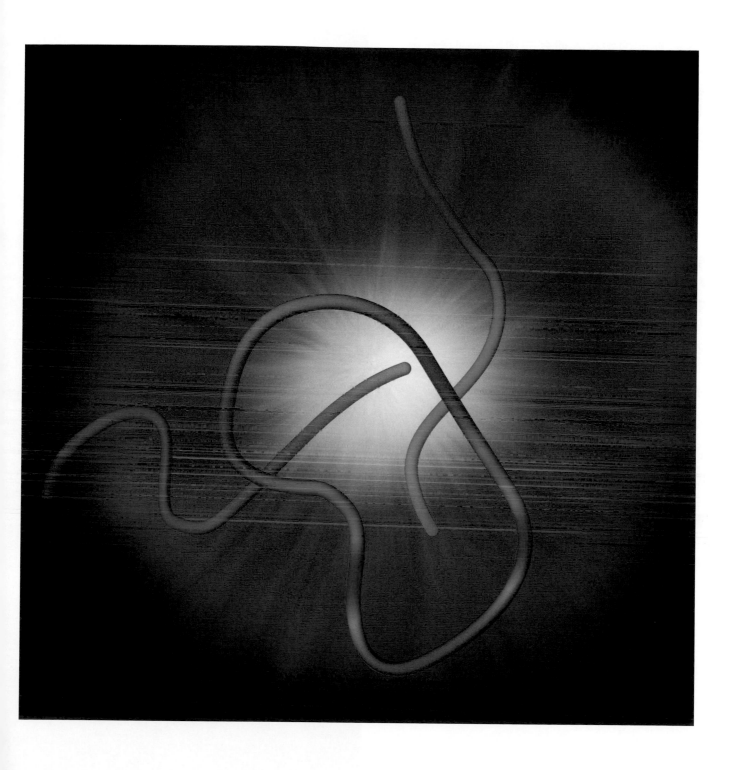

從點到弦

自然界的最小零件是「弦」？

放大

超弦理論是許多物理學家從1980年代中期即開始投入研究的理論，到現在還沒有完成。**超弦理論主張，塑造自然界（宇宙）所有東西的「最小零件」都是「弦」。**舉凡人類身體或是電視之類的人造物體，以至太陽之類的天體等等，一切東西都是無數弦的集合體。

超弦理論也稱為萬物理論，因為根據其理論，自然界的一切現象，都是無數的弦互相碰撞、糾結、舒展所造成。

自然界的最小零件稱為「基本粒子」，**而當今物理學認為，所有基本粒子都是大小為 0 的「點」。**造成電流的「電子」就是大家所熟知的基本粒子之一。其他如光的基本粒子「光子」、構成原子核的「夸克」等等均屬之，目前已知的基本粒子大約有20種。不過科學家認為，應該還有很多基本粒子尚未被發現。

科學的理想目標就是「依據更少的要素來說明更多的現象」。這麼說來，視為最小零件的基本粒子種類會不會太多了？事實上，抱持這個想法的物理學家並不在少數。

另一方面，根據超弦理論，**無論把哪一種基本粒子放大，都會出現相同的弦。**所謂的弦，是指沒有粗細，只有長度的東西。**但是，由於弦的振動方式等等不一樣，便造就出不同種類的基本粒子。**這和小提琴之類的弦樂器，藉由改變弦的振動方式來產生多樣音色的道理差不多。弦太小了，我們看不到它振動的模樣，所以看起來就好像有各式各樣的基本粒子存在。

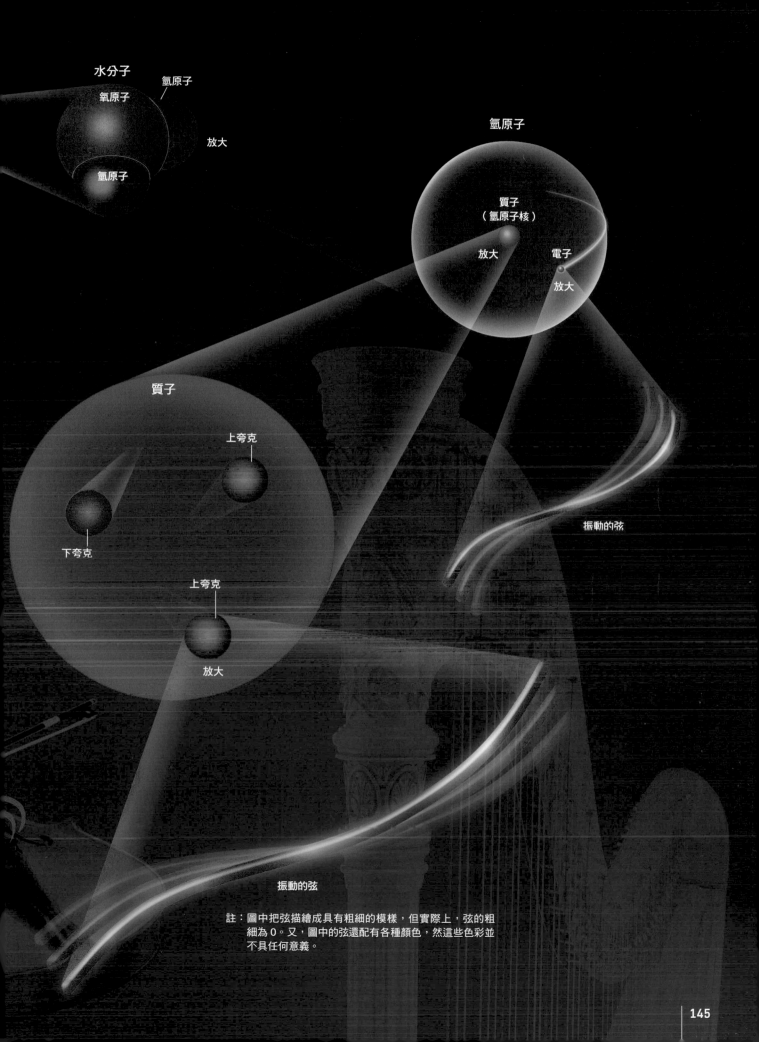

水分子

氧原子

氫原子

氧原子

氫原子

放大

氫原子

質子
（氫原子核）

放大

電子

放大

質子

上夸克

下夸克

上夸克

放大

振動的弦

振動的弦

註：圖中把弦描繪成具有粗細的模樣，但實際上，弦的粗
　　細為 0。又，圖中的弦還配有各種顏色，然這些色彩並
　　不具任何意義。

將「量子論」和「相對論」予以統合的理論

目前，物理學家正致力於建立一個**終極理論**，企圖「統合」現代物理學的兩大基礎理論，而超弦理論即是最有力的候選理論。這兩個重大的基礎理論就是「量子論」和「廣義相對論」。

不過，廣義相對論是以天體等大尺度規模的重力為主要探討範圍，量子論處理的則是遠比原子核等層次還要小上許多的微觀世界。在極端微小的世界中，無法運用廣義相對論來探討其重力，必須仰賴量子論來處理。不過，物理學家至今還未能做到這件事。作用於原子及基本粒子等的重力非常微弱，通常可以忽略，所以到目前為止並沒有引發什麼大問題。

超弦理論能夠處理微觀世界的重力

在極端微小的世界中，必須依據量子論來考量重力的因素。也就是說，**需要一個能夠把量子論和廣義相對論統合起來的理論，它的有力候選者就是超弦理論（superstring theory）**。

微觀世界中的重力之所以重要，乃因這是眾多物質密集擁擠於極小區域內的場所。宇宙誕生的瞬間就是一個典型的例子[※]。我們已經知道，宇宙正在持續膨脹。也就是說，如果沿著時間回溯過去，則宇宙會逐漸縮小，終至所有物質都擠進一個極小的區域內。

關於宇宙的誕生，科學家提出「宇宙從無誕生」、「宇宙會反覆誕生和死亡」等各式各樣的假說，但目前都無法確定真偽。若能完成超弦理論，或許有助於我們闡明宇宙誕生之謎。

※：「黑洞」中心（奇異點）也是一個典型的例子。黑洞是一種重力強大到連光也能吞噬掉的天體。黑洞中心的一個點聚集龐大的質量，但目前尚未能了解其中詳情。

廣義相對論示意圖

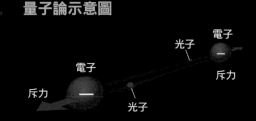

地球軌道　　　　　　地球
　　　　太陽
　　　　　　　　重力
扭曲的空間

廣義相對論是探討時空（時間與空間）和重力的理論。據其論述，天體（具有質量的物體）周圍的時空會扭曲，太陽吸引地球的重力就是因時空扭曲所造成的。

量子論示意圖

電子
光子
電子
斥力
斥力
光子

量子論在探討微觀世界中支配原子及基本粒子等的動態法則。例如，假設電子間的電斥力可能是藉電子「捉放」光子（光的粒子）的動態方式來傳遞。

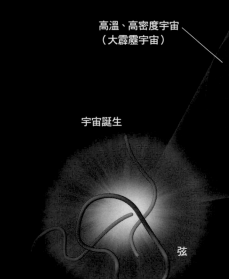

高溫、高密度宇宙
（大霹靂宇宙）

宇宙誕生

弦

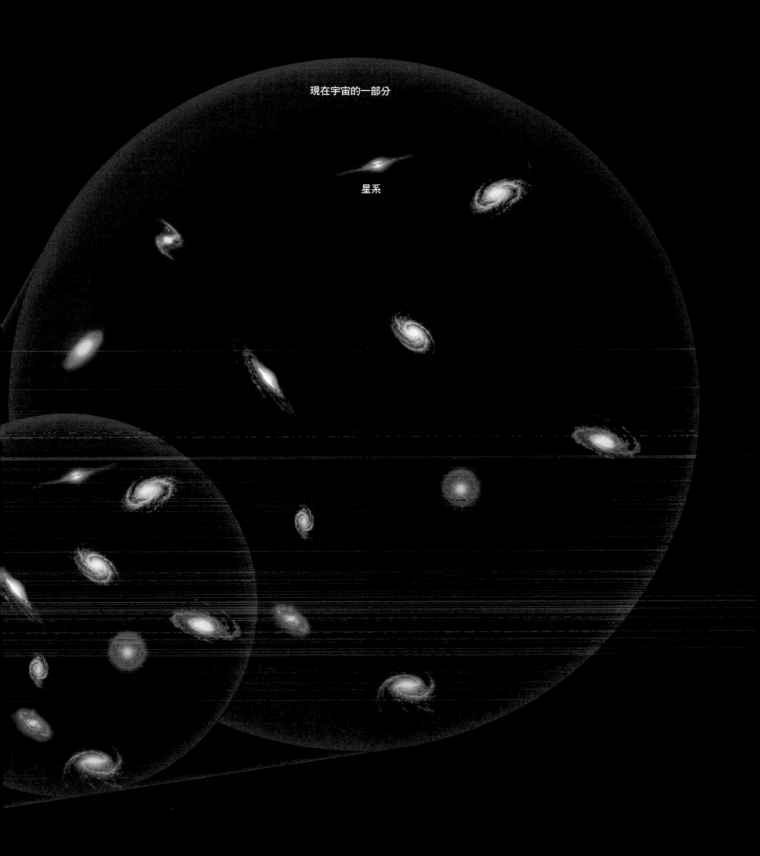

現在宇宙的一部分

星系

宇宙誕生之謎也能用
超弦理論予以闡明!?

宇宙誕生後持續膨脹示意圖。因無法呈現整個宇宙，故只顯示球體所截取的部分宇宙。期待超弦理論完成之後，或有助於闡明宇宙誕生之謎。

弦小到以現有實驗裝置都無法看見

弦是自然界的最小零件，那麼，它究竟有多小呢？目前還不確知弦的長度，但可能小到無法想像。**無論使用哪種顯微鏡或實驗裝置，都無法直接看到弦的真面目。**

弦的長度可能是 1 毫米的100億分之 1 的100億分之 1 的1000億分之 1（相當於10^{-34}公尺的程度），而原子的直徑是 1 毫米的1000萬分之 1（相當於10^{-10}公尺的程度），原子核的直徑則是原子的10萬分之 1（相當於10^{-15}公尺的程度），由此可知弦有多麼地小。

也有「類似橡皮圈形狀的弦」存在

弦有 2 種形狀。**一種是有如橡皮圈般呈閉合環狀，稱為「封閉弦」或「閉弦」（closed string）；另一種則似如橡皮圈遭斷開呈伸展條狀，稱為「開放弦」或「開弦」（open string）**，請看右圖。或者也可以說，開放弦有兩端，封閉弦則沒有端頭。

某些情況下，開放弦的兩端會連結在一起而成為封閉弦。相反地，在某些情況下，封閉弦會斷開而成為開放弦。因此也可以說，兩者基本上是同一種弦。

小提琴琴弦的振動達到每 1 秒鐘數百次（10^2次的程度），就已經快到人類肉眼無法看清，**而弦的振動竟然達到每 1 秒鐘100兆次的100兆倍的100兆倍（相當10^{42}次的程度）。** 而且，弦的端頭還能以自然界最高速度的光速（秒速約30萬公里，相當於 1 秒鐘繞行地球 7 圈半的速度）運動，真是驚人！

光是弦，重力也是弦

根據超弦理論，光的基本粒子「光子」是開放弦以最單純的形式（基本振動）振動的東西。也就是說，從太陽釋放出無數個開放弦到周圍的宇宙空間。

傳遞重力的基本粒子「重力子」則是封閉弦以最單純的形式（基本振動）振動的東西。太陽和地球藉由重力而互相吸引，這個重力便是藉由太陽和地球之間「捉放」封閉弦所產生的。

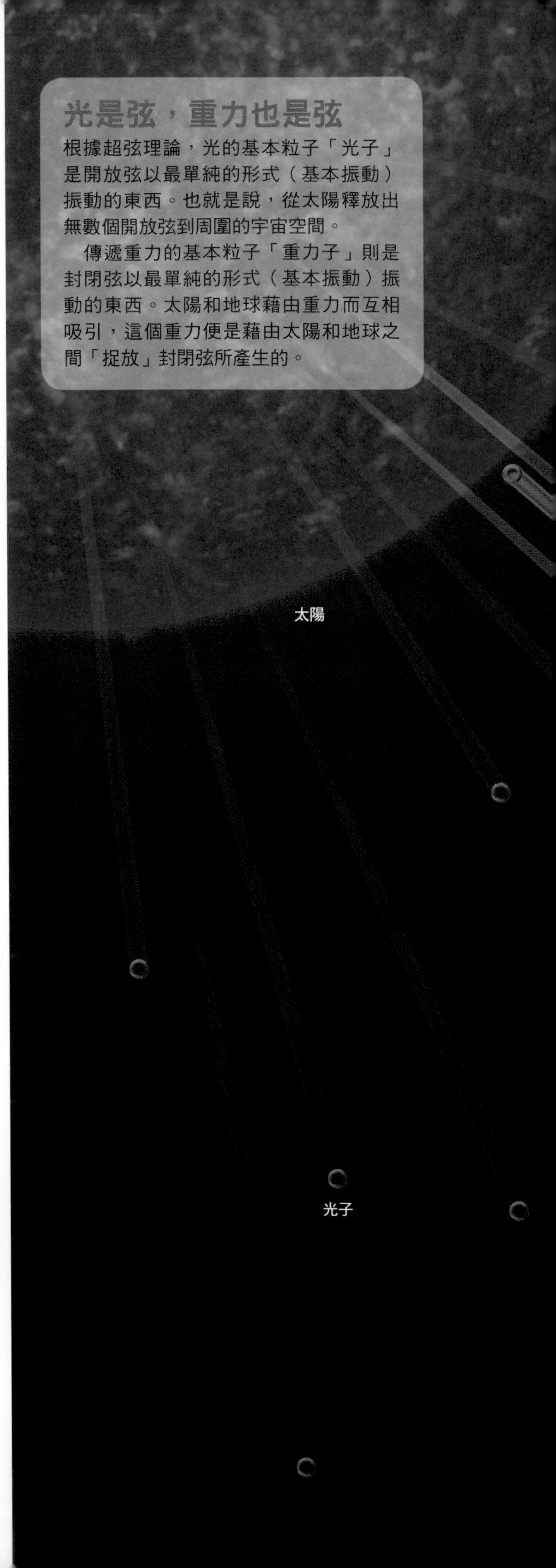

太陽

光子

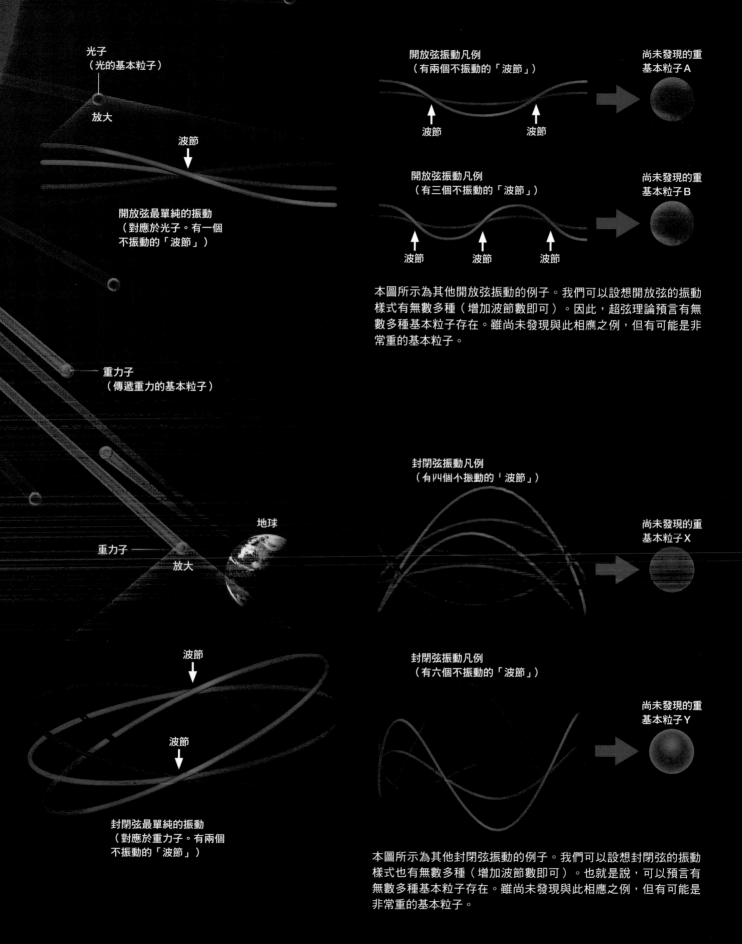

光子
（光的基本粒子）

放大

波節

開放弦最單純的振動
（對應於光子。有一個
不振動的「波節」）

重力子
（傳遞重力的基本粒子）

地球

重力子 ──

放大

波節

波節

封閉弦最單純的振動
（對應於重力子。有兩個
不振動的「波節」）

開放弦振動凡例
（有兩個不振動的「波節」）

波節　　　　　　波節

尚未發現的重
基本粒子A

開放弦振動凡例
（有三個不振動的「波節」）

波節　　波節　　波節

尚未發現的重
基本粒子B

本圖所示為其他開放弦振動的例子。我們可以設想開放弦的振動
樣式有無數多種（增加波節數即可）。因此，超弦理論預言有無
數多種基本粒子存在。雖尚未發現與此相應之例，但有可能是非
常重的基本粒子。

封閉弦振動凡例
（有四個个振動的「波節」）

尚未發現的重
基本粒子X

封閉弦振動凡例
（有六個不振動的「波節」）

尚未發現的重
基本粒子Y

本圖所示為其他封閉弦振動的例子。我們可以設想封閉弦的振動
樣式也有無數多種（增加波節數即可）。也就是說，可以預言有
無數多種基本粒子存在。雖尚未發現與此相應之例，但有可能是
非常重的基本粒子。

超弦理論預言這個世界為9維空間

超弦理論提出徹底顛覆我們世界觀的預言：**這個世界不是3個維度的空間，而是9個維度的空間。** 假設超弦理論是正確的話，那麼依照理論進行計算，會得出這個世界是9維空間的結果。

追根究柢，維度是什麼呢？且讓我們就以空中翩然飛舞的蝴蝶為例來思考。蝴蝶能夠移動的方向，是長、寬、高這3個方向（3個方向皆相互垂直），代表這是個3維度的空間。

但根據超弦理論，**除了長、寬、高以外，還隱藏著6個能移動的方向（空間維度。其方向與長、寬、高的方向皆相互垂直）。這6個維度蜷縮至非常微小，且小到我們看不見的程度。**（參照圖）。聽起來似乎十分玄妙，但就算實際上有這樣的隱藏維度存在，也不會和截至目前的任何實驗以及慣常現象，有任何矛盾乖違之處。

利用數學來思考高維空間

我們是居住在3維空間的人，所以無法在腦海中描繪4維以上的空間維度。這一點對於物理學家來說也是如此。但可以利用數學來思考4維以上的空間。

例如，每邊長2cm的正方形（2個維度）的面積為4cm²（＝2cm×2cm），每邊長2cm的立方體（3個維度）的體積為8cm³（＝2cm×2cm×2cm）。依此類推，可以推算出4維空間的超立方體「體積」為16cm⁴（＝2cm×2cm×2cm×2cm）。這只是非常單純的例子，但顯示物理學家可以利用數學來計算高維空間發生的現象。

蜷縮而「隱藏的維度」

維度可說是能自由移動的獨立方向數（相互垂直的方向數）（A-1）。以腳踏墊為例，對於個兒較大的人類來說是2個維度（A-2），但對於個兒小得多的跳蚤來說，由於牠在蜷縮之纖維方向上也能移動，所以是3個維度（A-3）。

B-1～B-3是蜷縮的維度示意圖。在蜷縮的維度上，如果一直往前行進，會回到原來的位置。超弦理論主張，這樣的蜷縮維度隱藏在空間的各個地方，但因「半徑」非常小，所以我們看不到。這些維度的大小，一般來說，可能與弦的長度（相當10⁻³⁴公尺的程度）差不多。

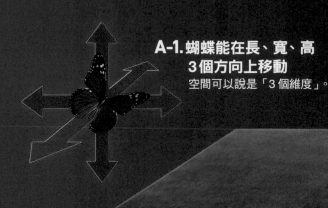

A-1.蝴蝶能在長、寬、高3個方向上移動
空間可以說是「3個維度」。

B-1.右左兩端「連結在一起」的世界
以跑馬燈的場景來看，當燈上的景物轉到燈面右邊之後，接著便會從燈面左邊冒出來。同樣的道理，下圖中世界的右端會和左端「連結在一起」。也就是說，如果一直往前行進，將會回到原來的位置。

A-3.小跳蚤在蜷縮纖維的方向上也能移動

對個兒小得多的跳蚤而言，在蜷縮纖維的方向（相當於超弦理論的「隱藏維度」）上也能移動，所以腳踏墊可以說是「3個維度」。蜷縮纖維的方向（維度）隱藏在腳踏墊的各個地方。

跳蚤

A-2.人類在腳踏墊上只能往2個方向移動

對個兒較大的人類而言，腳踏墊可以說是「2個維度」。

註：以腳踏墊為例來說明隱藏的維度，係參考美國物理學家格林（Brian Greene，1964～）所著的《隱藏的現實》（The Hidden Reality）上冊。

放大

B-2.與「B-1」世界等同的蜷縮世界

以另一個觀點來看左邊的**B-1**世界，可以看成是把橫向維度「捲成」圓筒狀的世界。

B-3.捲起來的維度小到看不見

根據超弦理論，這個世界還隱藏著6個空間維度。這6個維度就像**B-2**那樣捲起來，「半徑」越來越小，小到看不見的程度，所以我們察覺不到它們的存在。

捲起來的維度

不只是弦，宇宙中似乎還隱藏著「膜」

小提琴等弦樂器的弦因為固定於琴身而能產生振動。琴身（樂器）改變，音色也跟著不一樣。同樣地，**超弦理論的弦有時也會黏結在像薄膜一樣的物體上展開振動（1）。**弦所黏結的薄膜狀物體稱為「膜」（brane）。不過，雖然稱之為膜，但並不僅限於平面狀（2個維度）的物體，也有擴展成3個維度的膜，以及擴展至更高維的膜存在。

開放弦（**1-A**，構成光及物質的基本粒子）兩端都黏結在膜上，所以能夠在膜上滑行移動，但無法脫離膜。另一方面，封閉弦（**1-B**，重力子）沒有端頭，不會黏結在膜上，所以能脫離膜而在高維空間中移動。

▌宇宙空間中擠滿了「膜」？

那麼，膜究竟存在於宇宙中的什麼地方呢？根據超弦理論所衍生出來的這個「膜世界」（brane world）假說，**膜「遍布於」整個宇宙空間。甚至，如果要說宇宙空間本身就是一個巨大的膜，也是可以成立。**空間中充滿了空氣，但我們通常不太會意識到它的存在。同樣地，由於我們本身就生活在膜的「裡面」，所以不會察覺到它的存在。

在這個狀況下，膜會「懸浮」在高維空間（我們已知的3維空間＋隱藏維度所構成的空間，**2**）。由於構成人體等所有物質的基本粒子都是由開放弦所形成，所以物質會黏結在膜（3維空間）上，無法脫離膜前往高維空間。

光也是由開放弦所形成，所以只能在膜上傳送。由於我們是透過光來觀看這個世界，所以無法藉由光來確定高維空間的存在（看不見）。另一方面，**傳遞重力的重力子是封閉弦，能夠移動到高維空間。**也就是說，重力在高維空間也能傳遞。

1.膜和弦的關係

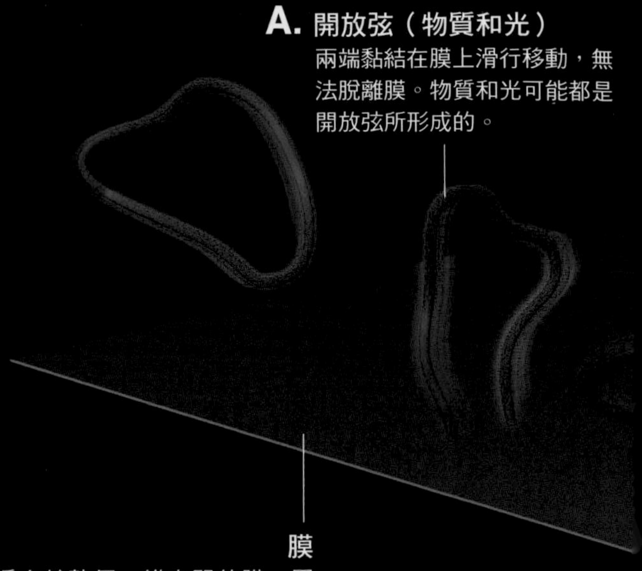

A. 開放弦（物質和光）
兩端黏結在膜上滑行移動，無法脫離膜。物質和光可能都是開放弦所形成的。

膜
遍布於整個3維空間的膜。圖中省略高度的方向而呈平面狀。「膜」的英文是brane，字源為membrane，也是膜的意思。

2.以膜世界假說為基礎的現行世界示意圖

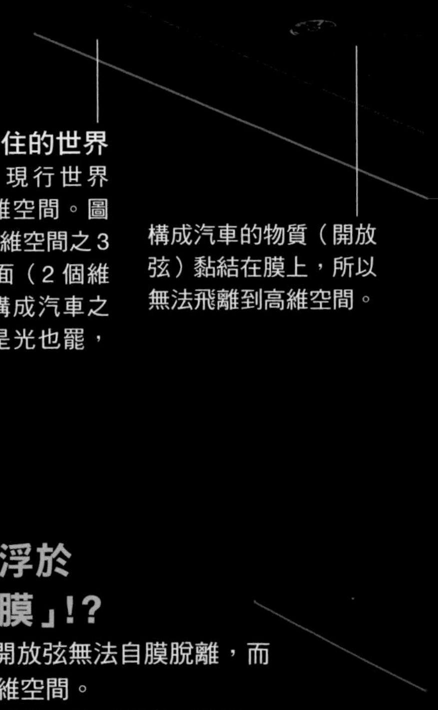

我們居住的世界
根據膜世界假說，現行世界（膜）乃懸浮於高維空間。圖中無法呈現懸浮於高維空間之3維的膜，因此以平面（2個維度）的形式表示。構成汽車之類的物質也好，或是光也罷，都只能在膜上移動。

構成汽車的物質（開放弦）黏結在膜上，所以無法飛離到高維空間。

這個世界是懸浮於高維空間的「膜」!?

1為弦和膜的關係。開放弦無法自膜脫離，而封閉弦則能飛離到高維空間。

2為依據「膜世界假說」的示意圖。物質和光黏結在膜上無法脫離，這是我們無法察覺高維空間的一個原因。然則另一方面，唯獨重力能在高維空間傳遞。

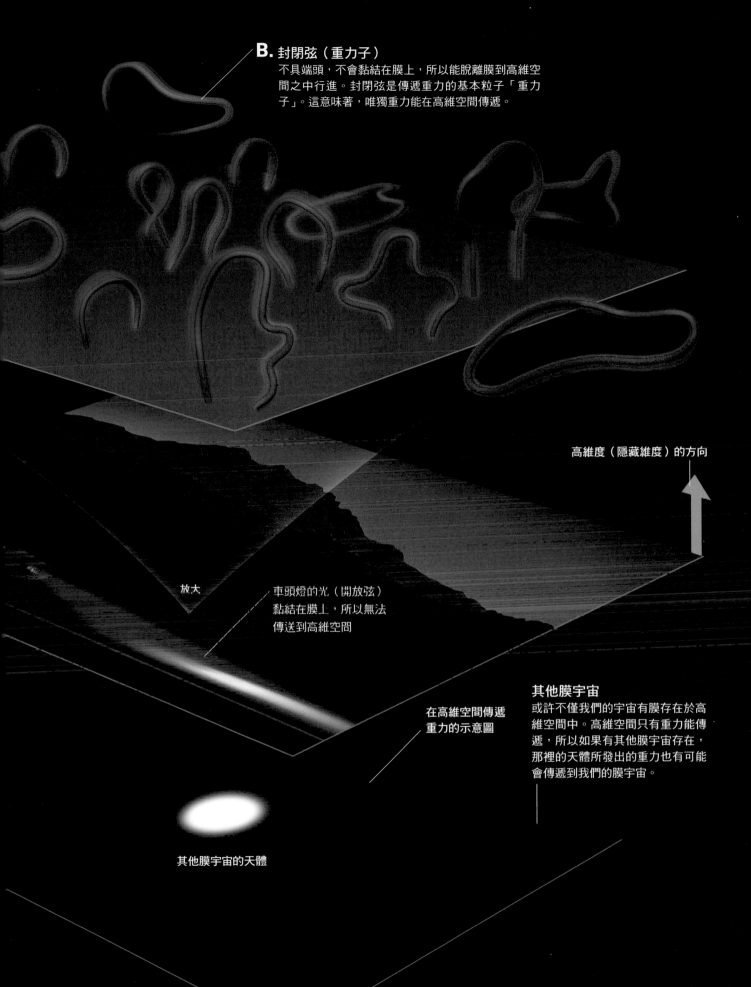

B. 封閉弦（重力子）

不具端頭，不會黏結在膜上，所以能脫離膜到高維空間之中行進。封閉弦是傳遞重力的基本粒子「重力子」。這意味著，唯獨重力能在高維空間傳遞。

高維度（隱藏維度）的方向

放大

車頭燈的光（開放弦）
黏結在膜上，所以無法
傳送到高維空間

在高維空間傳遞
重力的示意圖

其他膜宇宙

或許不僅我們的宇宙有膜存在於高維空間中。高維空間只有重力能傳遞，所以如果有其他膜宇宙存在，那裡的天體所發出的重力也有可能會傳遞到我們的膜宇宙。

其他膜宇宙的天體

親宇宙和子宇宙

自宇宙內部誕生新的宇宙！？

以下我們要介紹的宇宙誕生模型，是依據超弦理論衍生出來的。這個模型主張，已經存在的「親宇宙」會生出「子宇宙」。

最近，超弦理論的研究者之間有一個越來越強烈的觀點，**認為這個宇宙的物理法則會不會是在偶然之間決定的呢？而且物理法則是不是會有無數種可能性呢？**甚至有人提出令人震驚的模型[※]，主張我們這個宇宙或許是從其他不同物理法則的宇宙生出來的。

自親宇宙內部生出子宇宙和孫宇宙

假設原本已經存在的宇宙為「親宇宙」。有一天，在這個親宇宙空間內的小區域內，不經意地生出「子宇宙」。子宇宙是個物理法則和親宇宙不同的世界。雖然子宇宙會逐漸擴大，但因為親宇宙也在膨脹，所以不會占滿整個親宇宙。

然後，子宇宙內部再生出孫宇宙，同樣地，孫宇宙也會愈益擴大。如此一再進行相同步驟，猶如俄羅斯娃娃一樣，不斷地從內部生出新的宇宙。

[※]：日本的佐藤勝彥等人曾於1981年提出與此類似的構想，但與超弦理論無關。

親宇宙和子宇宙的奇妙關係

上半部為依據超弦理論建立的宇宙誕生模型，從親宇宙內部生出子宇宙，繼而再從子宇宙內部生出孫宇宙的示意圖。子宇宙空間本身具有的能量（真空能量）比親宇宙小，同樣地，孫宇宙的真空能量又比子宇宙小。如此這般，從宇宙空間內部不斷地生出真空能量更小的宇宙。不過，在極偶然的機會下，也會生出能量比較大的宇宙。

下半部所示為依其他觀點呈現有如俄羅斯娃娃般誕生出來的宇宙。

自宇宙內部生出其他宇宙？

在原本宇宙空間（親宇宙）內部的小區域，有新的宇宙空間（子宇宙）誕生（**1**）。子宇宙會逐漸擴大，但因親宇宙也在持續膨脹，所以子宇宙不會占滿整個親宇宙。然後，在子宇宙內部的小區域有孫宇宙誕生，並且也不斷地擴大（**2～3**）。像這樣持續進行，不斷地在內部生出新的宇宙。在宇宙初期，我們這個宇宙可能也曾經生出子宇宙。但未來恐怕要耗費比我們這個宇宙的年齡（約138億歲）還要久的時間，才會再度發生這樣的現象！這個時空樣貌就稱為「宇宙景觀」（cosmic landscape）。

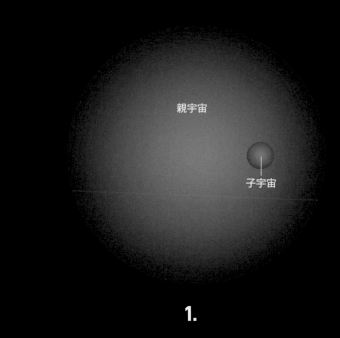

親宇宙

子宇宙

1.

宇宙會在「谷」間移動？

右圖所示為上方「從親宇宙生出子宇宙」的另一種呈現。薄片起伏的高度表示真空能量的大小。縱軸和橫軸表示決定宇宙特徵的某種要素之值（電子質量、電磁交互作用強度等等）。圖示猶如俄羅斯娃娃一樣，逐個由大套至小，從親宇宙內部生出子宇宙的過程，相當於宇宙從這個薄片上的「谷」（穩定的宇宙）移動到更低的「谷」，並於抵達谷位置後，再從其內部生出子宇宙。根據計算的結果，谷的數量至少有10的500次方個，因此有越來越多的物理學家認為，其中有許多個宇宙具有不同的物理法則。這個起伏不定的薄片稱為「弦論景觀」（string theory landscape）。

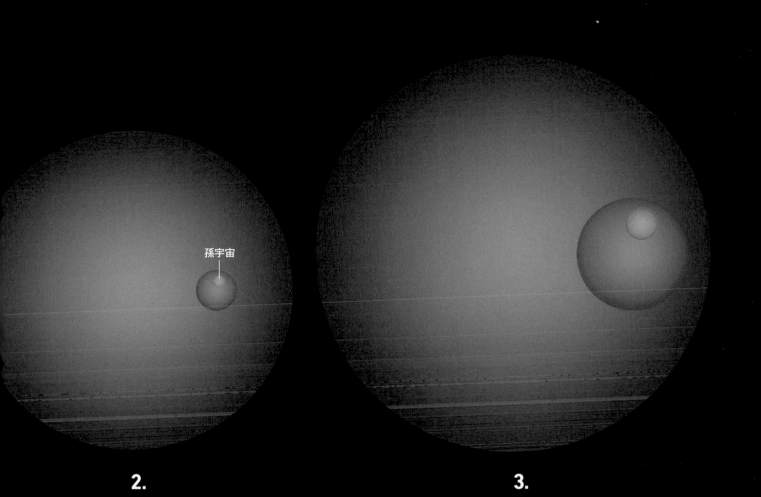

2.

孫宇宙

3.

處於「丘」位置的不穩定宇宙

處於「谷」位置的穩定宇宙

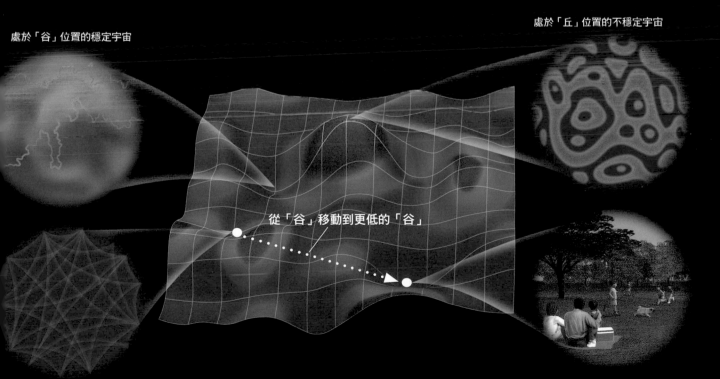

從「谷」移動到更低的「谷」

處於「谷」位置的穩定宇宙

處於谷位置的現行宇宙

宇宙會輪迴轉世!?即使如此，開端依然是「無」?

主張從一個宇宙陸續生出新宇宙的模型，並沒有說明第一個親宇宙是如何開始的。是不是像第 5 章所介紹的，是從什麼都沒有的「終極之無」誕生的呢？事實上，從1930年代開始，也有一些物理學家認為「宇宙沒有開端，而是反覆地誕生和死亡」（膨脹和收縮）。這個假說稱為「循環宇宙論」（cyclic cosmology）或「迴圈宇宙論」。

根據循環宇宙論，經歷大霹靂而持續膨脹的宇宙，在某個時候會轉為開始收縮。如果宇宙中所含的物質質量大到一個程度，便會由於重力的吸引而使宇宙的膨脹越來越慢，最後轉為收縮。

收縮會逐漸加速，最後宇宙空間全部集中於一個點，這稱為「大擠壓」（big crunch）或「大崩墜」。宇宙會因此而迎向死亡，但也有可能在此瞬間再度發生膨脹。就像把橡膠球用力投向地面，球會大幅反彈，宇宙或有可能再度轉為急遽膨脹，經由大霹靂而「復活」。

每次復活之後，宇宙會變得更大嗎？

假設這樣的反覆膨脹和收縮會永遠地持續下去，那麼宇宙就不是從「無」誕生，而是老早以前就已經存在了。但在1934年，有人根據計算的結果，提出如下看法，意即輪迴轉世的宇宙「無法回到和以前完全相同的狀態」。

這意味著，宇宙每次復活後，在轉為收縮之際規模都會變大。也就是說，如果把輪迴轉世的過程逆推回去，則宇宙的最大尺寸（由膨脹轉為收縮之際的大小規模）會逐漸變小，最後終究變成 0。因此，到了20世紀末期，科學家普遍認為，即使是循環宇宙論，宇宙也是有個開端的。

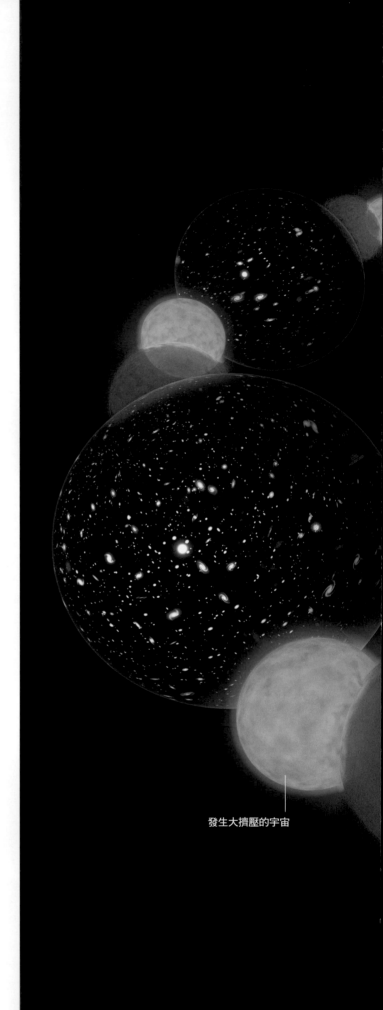

發生大擠壓的宇宙

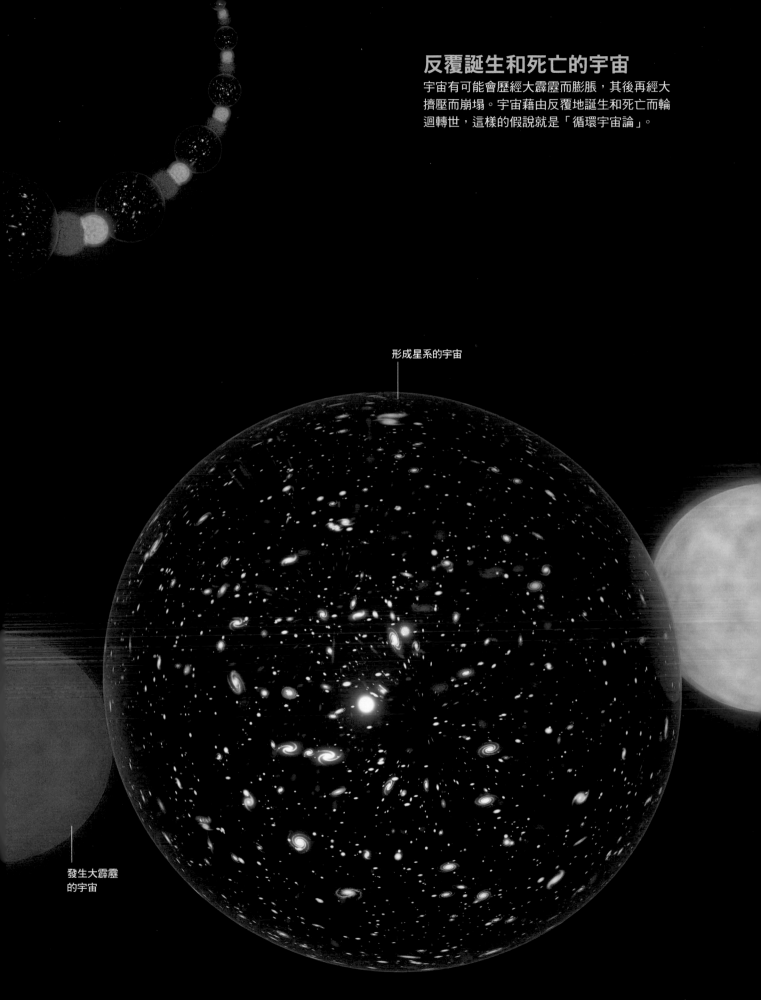

反覆誕生和死亡的宇宙

宇宙有可能會歷經大霹靂而膨脹，其後再經大擠壓而崩塌。宇宙藉由反覆地誕生和死亡而輪迴轉世，這樣的假說就是「循環宇宙論」。

形成星系的宇宙

發生大霹靂
的宇宙

宇宙於無限久遠前就已存在，並沒有「終極之無」？

進 入21世紀，出現了新的假說——「火宇宙論」（ekpyrotic universe）。早期的循環宇宙論有一個問題，那就是「宇宙無法回到和以前完全相同的狀態」，火宇宙論解決了這個問題，也因此再度顯示宇宙會永遠反覆輪迴轉世的可能性。

藉由膜彼此的碰撞而發生急遽的膨脹？

「火宇宙論」的基礎是建立在第152頁所探討的「膜世界

膜反覆地碰撞

懸浮於高維空間的兩個膜反覆發生碰撞的示意圖。我們這個宇宙或許於遠古之前就已經存在，永遠不斷地反覆輪迴轉世。

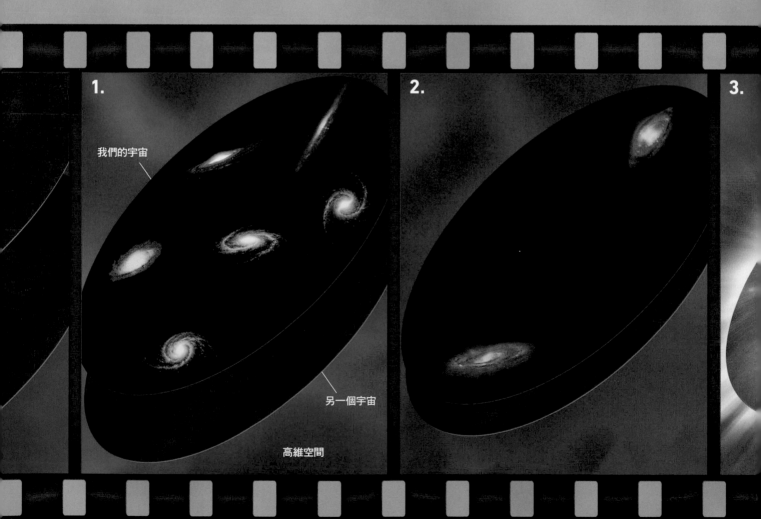

1.

我們的宇宙

另一個宇宙

高維空間

2.

3.

兩個膜相鄰並存
「膜世界假說」認為，我們的宇宙是懸浮於高維空間的膜。而且，或許另有獨立的膜存在。

膜彼此逐漸接近
兩個不同宇宙的膜互相吸引而逐漸靠近。

假說」。

根據膜世界假說，懸浮於高維空間的膜並不一定只有一個，也可能有另一個膜與我們所在的膜完全分隔而獨立懸浮著。這另一個膜或許是另一個宇宙，受完全不同的物理法則所支配。

火宇宙論主張當這兩個膜互相接近、碰撞時，宇宙會變成高溫、高密度的狀態（大霹靂），然後膨脹擴大，而這個膜互相碰撞的龐大能量可能會引發「復活」。

此外，火宇宙論之中還有一個模型，假設膜在碰撞後會互相遠離，經過一段漫長的時間之後又互相拉近，再度發生碰撞。宇宙便是藉由這種膜的運動，永遠一再重複上演誕生和死亡的情節。

在這種狀況下，就不必去考慮宇宙從「無」誕生的劇本了。宇宙的開端究竟有沒有「終極之無」呢？我們期待著各式各樣的假說能提出明確的證據。

膜互相碰撞

兩個膜互相吸引而撞在一起，碰撞的能量使得宇宙成為高溫、高密度的狀態（大霹靂），開始膨脹擴大。

兩個膜逐漸遠離

兩個膜碰撞後逐漸遠離。之後可能會轉為再度拉近（回到 1）。在這段期間，宇宙中產生物質、恆星、星系。

宇宙空間是利用「全像攝影」所造成的幻象？

我們所認知的這個 3 維空間，或許只是幻象，是宛如全像攝影（holography）一樣的「立體投影影像」。有些物理學家竟然提出這麼驚人的假說。

所謂全像攝影，是依據刻寫在 2 維平面上的訊息，創造出 3 維立體影像的技術。一聽到全像攝影，或許會聯想起科幻電影中出現的「以立體形式顯現人物及風景的放映機」！不過，我們手邊也有不少全像攝影的例子，例如紙鈔、信用卡等物品，「從不同角度觀看會顯現不同圖樣」，就是利用了全像攝影的技術。

近年來，在理論物理學的領域中，有個由全像攝影概念所觸發，從超弦理論研究衍生出來的「全像宇宙論」（holographic universe），十分引人矚目。根據全像宇宙論，可以把在 2 維發生的某個現象，和在 3 維發生的另一個現象，當做相同的（等價的）現象來處理。也就是說，可將高維發生的現象當作是低維現象的「全像」（hologram）。

空間乃由根源性的「某物」所構成？

根據全像宇宙論提出的假說，這個宇宙有可能是依據 2 維平面上「刻寫」的訊息所「投影」的影像。甚至，連空間都有可能是由更根源性的「某物」所造成的幻象。愛因斯坦認為，空間和時間必須同等看待處理。因此，如果空間是由「某物」所造成，那麼時間也有可能是由「某物」所造成。

如果我們認知的宇宙包括時間和空間在內都只是幻象，那麼，所謂宇宙的開端，究竟意味著什麼呢？就連空間也不存在的「無」，我們要如何處理才好呢？當最先進的物理學企圖闡明宇宙的「真面目」之際，或許也能同時揭開「終極之無」的真相！ ☽

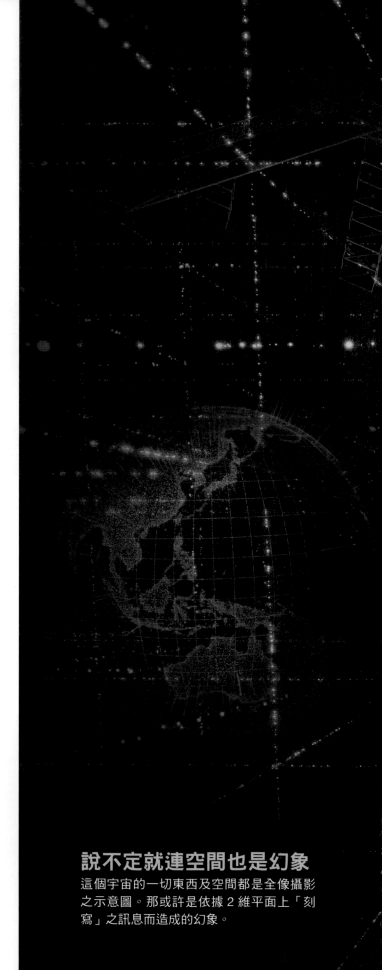

說不定就連空間也是幻象

這個宇宙的一切東西及空間都是全像攝影之示意圖。那或許是依據 2 維平面上「刻寫」之訊息而造成的幻象。

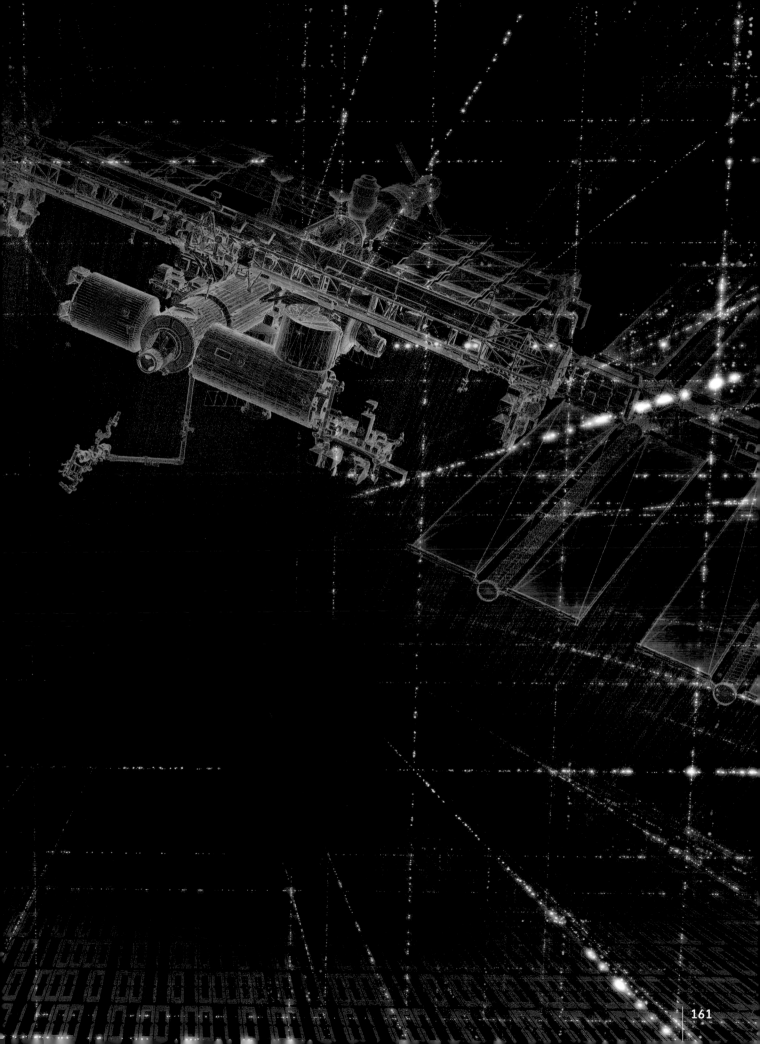

找出「看不到的維度」！

利用實驗嘗試確認高維空間的存在，受到世人矚目

超過 3 維空間的「看不見的維度」，或許就隱藏在你我眼前……。現今，物理學家正認真地思考這看似科幻卻可能存在的真實性。而且，企圖利用實驗尋找證據的計畫，也正如火如荼地展開。如果有一天，真的證明了物理學家所說「我們居住的世界只是超過 3 個維度的高維空間裡的一部分」，那麼這將是科學史上前所未見的大發現，足以徹底顛覆人類既有的世界觀！究竟為什麼，物理學家會認為應該有看不見的維度存在？而這要如何利用實驗把它們找出來呢？

協助：

村田次郎
日本立教大學理學部教授

向山信治
日本京都大學基礎物理學研究所教授

陣內 修
日本東京工業大學理學副教授

我們居住的世界是具有長、寬、高的「3 維空間」，或再加上時間的 1 個維度，成為「4 維時空」。在 3 維空間之中，我們能把 3 根棍子互相垂直交叉配置。而所謂的高維空間，可說是「能把 4 根以上的棍子做互相垂直交叉配置的空間」。請拿 4 枝鉛筆來試試看，一般會認為「這種事情應該不可能做到」。

然則卻有部分物理學家認為，這個世界中隱藏著長、寬、高以外「看不見的維度」。這就是所謂的「額外維度」（extra dimension）。

「超弦理論」預言高維空間的存在

額外維度的存在，是依據「超弦理論」這個尚未完成的理論所提出的預言。這個理論主張構成自然界的電子等「基本粒子」的本質是極微小的「弦」。

現代物理學有兩個最重要的基礎理論，一個是關於時空（時間和空間）和重力的「廣義相對論」，另外一個則是與基本粒子等微觀世界法則相關的「量子論」。但是，物理學家並不認為這兩個不同系統的理論是自然界的最終理論，因此花了數十年的時間，企圖建立一個「終極理論」把這兩個理論統合起來。而在眾多企圖統合的終極理論當中，最強有力的候選者就是超弦理論。

不過，目前已知這個世界必須是 9 或 10 個維度的空間，超弦理論才不會產生矛盾。也就是說，這個世界中「隱藏」著 6 或 7 個額外的維度。對此，物理學家提出「額外維度是小到看不見的東西」這樣的假設答案。

讓我們來想像特技演員走鋼索的場景（第164頁圖）。所謂的維度，也可以說是「能夠自由移動的獨立方向數」。對於個兒較大的人類來說，走在細鋼索上只能在一個方向上移動，因此可以說是 1 個維度的世界。但是，對身量遠比鋼索直徑還要小上許多的螞蟻來說，不僅能在鋼索的長度方向上移動，也能沿著鋼索的圓周方向移動，所以鋼索表面就是

⊙ 膜世界示意圖

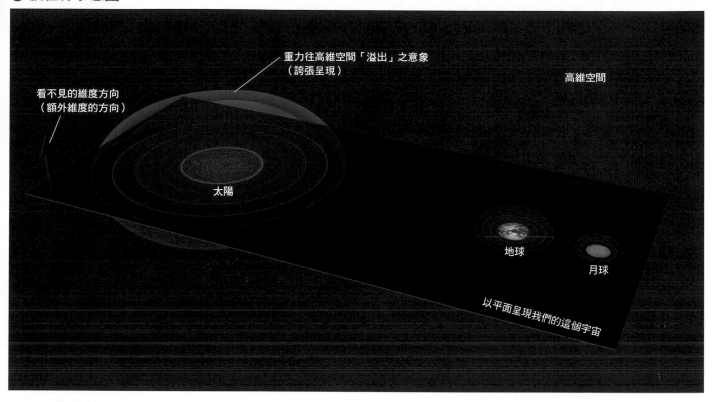

重力往高維空間「溢出」之意象
（誇張呈現）

高維空間

看不見的維度方向
（額外維度的方向）

太陽

地球

月球

以平面呈現我們的這個宇宙

「膜世界假說」示意圖。這個假說主張有看不見的維度（額外維度）存在，而我們居住的3維空間是懸浮於高維空間之中的膜（宛如薄膜一般的東西）。物質和光黏結在膜的表面，無法往高維空間（額外維度的方向）飛過去。但是，唯獨重力能往高維空間傳遞（圖中重力往額外維度方向「溢出」的意象稍做誇張呈現）。因此，或許可以利用重力來驗證額外維度的存在。有些模型假設額外維度「蜷縮」著，朝其方向行進會回到原來的位置。也就是說，朝圖上方行進，會從下方冒出來（參照第164頁圖）。

2個維度的世界。額外維度就像這樣蜷縮得非常小，因此從個兒較大的人類視角來看，並不會察覺到。而且，額外維度的方向具有一直往前行進會回到原來位置的奇妙性質。

物理學家以往一直認為額外維度非常微小，只有10^{-35}公尺的程度，這個大小稱為「普朗克長度」，相當於1毫米的1兆分之1的1兆分之1的1億分之1。就連原子也有10^{-10}公尺的大小，由此可知它有多麼微小！

看不見的維度之真正大小為1毫米？無限大？

科學家長久以來一直認為，超弦理論所預言的額外維度，其大小規模實在太過微小，不可能利用實驗來驗證它的存在。但是到了1998年，事情有了轉機。阿爾卡尼－哈米德（Nima Arkani-Hamed，1972～）、季莫普洛斯（Savas Dimopoulos，1952～）、德瓦利（Gia Dvali，1964～）共同發表一個理論模型（ADD模型），主張有若干個大小為1毫米程度的額外維度，而且這樣的大小並不會和過去的任何實驗產生矛盾。1毫米（10^{-3}公尺）和前述的10^{-35}公尺相較，真的是天壤之別。

接著是在1999年，藍道爾（Lisa Randall，1962～）和桑壯（Raman Sundrum，1964～）共同發表RS2模型，主張如果額外維度是扭曲著，則可能會有一些額外維度具有無限的長度。

如果額外維度真的僅有1毫米的程度，為什麼我們看不見呢？

由於想像高維空間十分困難，所以我們把 3 維空間想像成忽略掉高度方向而類似「薄膜」的平面狀物體（參照前頁圖）。這麼一來，這個薄膜（我們居住的宇宙）就會懸浮於高維空間之中。這樣的薄膜稱為「膜」。

根據超弦理論，電子和夸克等構成物質的基本粒子，以及光的基本粒子光子等等，會黏結在膜上，無法脫離到額外維度的方向去。我們利用肉眼捕捉光，藉此觀看這個世界。但是光本身無法脫離膜（3 維空間），既不會往額外維度的方向飛去，也不會從額外維度的方向飛來，所以我們才會看不見額外維度的方向。

但也有例外，那就是重力。根據超弦理論，傳遞重力的基本粒子「重力子」並沒有黏結在膜上，能夠往額外維度的方向移動。這意味著，只有重力能沿著額外維度的方向前往，也就是在高維空間中傳送。以這樣的膜為基礎所建立的新宇宙模型，稱為「膜世界」。

如果看不見的維度真的存在，則重力在極近距離會變得非常強大

雖然無法直接看到額外維度，但因只有重力能往額外維度的方向傳送，所以或許能夠利用重力間接「看到」額外維度。

重力也稱為「萬有引力」，是於所有物體之間產生的引力。就連桌上的鉛筆和橡皮擦之間，也靠著微弱的重力互相吸引。

重力與物體間的關係隨距離 2 次方成反比而減弱，這稱為「平方反比定律」。距離增加為 2 倍，則重力減弱為 4 分之 1（2^2 分之 1）。相反地，距離縮短為 2 分之 1，則重力增強為 4 倍。也就是說，距離越近，重力越強。

為什麼重力會遵循平方反比定律呢？這與空間維度是 3 有關（參照右圖）。事實上，如果重力的傳播空間是 4 個維度，那麼重力就會與物體間距離的 3 次方成反比而減弱，這稱為「立方反比定律」。維度數越多，則重力傳遞的範圍越擴大，會越快遭致「稀釋」。

那麼，如果把 3 維空間加上 1 個蜷縮成 1 毫米程度的額外維度，會變成什麼情形呢？當物體之間的距離大於 1 毫米時，重力是遵循平方反比定律，但若距離不到 1 毫米，則重力變成遵循立方反比定律。

如前所述，重力在極近距離會遵循立方反比定律，這意味著，比起 3 維空間的情況（平方反比定律），重力在極近距離會變得更強大。當距離縮短為 2 分之 1 時，於平方反比定律的狀況下，重力增強為 4 倍（2^2 倍）；但在立方反比定律的狀況，則重力會增

⊙ 膜世界示意圖

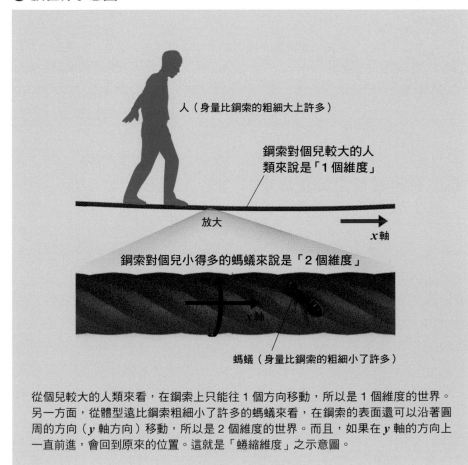

人（身量比鋼索的粗細大上許多）

鋼索對個兒較大的人類來說是「1 個維度」

放大

x 軸

鋼索對個兒小得多的螞蟻來說是「2 個維度」

x 軸

螞蟻（身量比鋼索的粗細小了許多）

從個兒較大的人類來看，在鋼索上只能往 1 個方向移動，所以是 1 個維度的世界。另一方面，從體型遠比鋼索粗細小了許多的螞蟻來看，在鋼索的表面還可以沿著圓周的方向（y 軸方向）移動，所以是 2 個維度的世界。而且，如果在 y 軸的方向上一直前進，會回到原來的位置。這就是「蜷縮維度」之示意圖。

⊙ 重力法則和空間維數有何關係？

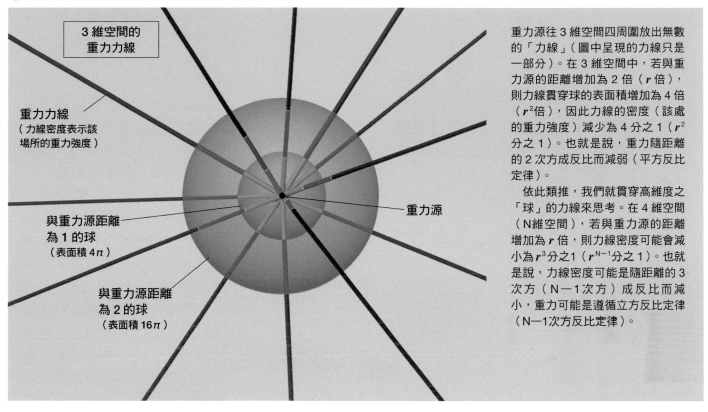

3維空間的重力力線

重力力線
（力線密度表示該場所的重力強度）

與重力源距離為 1 的球
（表面積 4π）

與重力源距離為 2 的球
（表面積 16π）

重力源

重力源往 3 維空間四周圍放出無數的「力線」（圖中呈現的力線只是一部分）。在 3 維空間中，若與重力源的距離增加為 2 倍（r 倍），則力線貫穿球的表面積增加為 4 倍（r^2 倍），因此力線的密度（該處的重力強度）減少為 4 分之 1（r^2 分之 1）。也就是說，重力隨距離的 2 次方成反比而減弱（平方反比定律）。

依此類推，我們就貫穿高維度之「球」的力線來思考。在 4 維空間（N維空間），若與重力源的距離增加為 r 倍，則力線密度可能會減小為 r^3 分之 1（r^{N-1} 分之 1）。也就是說，力線密度可能是隨距離的 3 次方（N−1 次方）成反比而減小，重力可能是遵循立方反比定律（N−1 次方反比定律）。

強為 8 倍（2^3 倍）。

也就是說，如果要確定是否真的有蜷縮的維度存在，只要實際測量極近距離的重力大小就行了。如果與平方反比定律的值有所偏差，就表示可能有額外維度存在。

重力的平方反比定律是牛頓在 17 世紀時所發現的定律，所以將之稱為「牛頓萬有引力定律」（Newton's law of universal gravitation），也簡稱為「萬有引力定律」。但是，大多只有在天體這種規模，例如地球與月球之間的重力等等，平方反比定律才能獲得精密確認。在 ADD 模型出現之前，重力的平方反比定律從未在 1 毫米以下的狀況做過充分的驗證。

然而，重力比起電磁力（電力與磁力）等其他的力，可以說是微乎其微。例如，用一塊小磁鐵就能輕易地吸住 1 根金屬製迴紋針。這代表地球如此龐大的物體所產生的重力，遠遠比不上一塊小磁鐵所產生的磁力（一種電磁力）。以原子核內「質子」（具有正電荷）之間作用的各種力來做比較，如果距離為質子大小的程度（10^{-15} 公尺），則重力（假設遵循平方反比定律）只有電磁力的 10^{36} 分之 1，亦即 1 兆分之 1 的 1 兆分之 1 的 1 兆分之 1 而已。

這就是假設額外維度或許存在的依據之一。重力為何如此極度微弱呢？物理學家對此感到十分困惑。但若真的有額外維度存在，便可圓滿解釋重力微弱的原因，因為我們可以假設，由於重力會往額外維度的方向「滲溢出去」，所以看起來才會如此微弱。

藉由極近距離的重力測定，搜尋看不見的維度！

具體而言，重力的平方反比定律要如何進行驗證呢？它的基本原理和英國科學家卡文迪西（Henry Cavendish，1731～1810）在 18 紀末期進行的知名萬有引力測量實驗相同。使用稱為「扭秤」的儀器（參照次頁上圖），將一個物體用細石英線懸吊著，然後再靠近另一個固定的

⊙ 藉扭秤直接測量重力

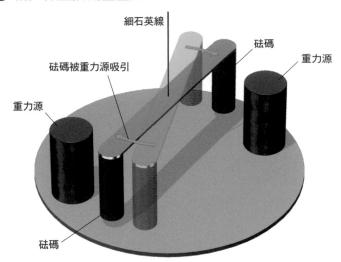

用細石英線懸吊砝碼，改變它與重力源的距離，同時也測量細石英線扭轉的角度，藉此測量作用於砝碼與重力源之間的重力。為了排除空氣的影響，把裝置安放在真空中。圖所呈現的只是原理示意。實際上，還必須修改物體的形狀，以及安裝遮罩以便屏蔽靜電的影響等等，力求提高靈敏度。

⊙ 使用電子進行原子核尺度之重力強度的驗證實驗

重力遵循平方反比定律的情況

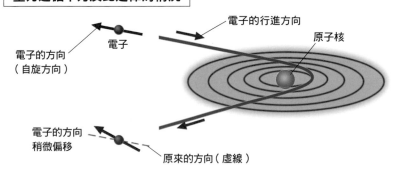

極近距離下重力變得比平方反比定律更強的情況

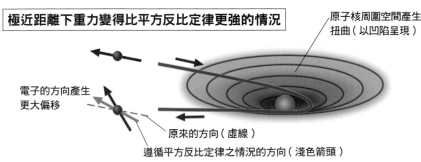

以電子撞擊原子核，則電子會受到原子核帶電的影響，發生 U 字形迴轉而飛回來。此時由於電磁的作用，電子的方向（相當於自轉的「自旋」這個量的方向）會稍微偏移（上圖）。如果真有毫米程度的巨大額外維度存在，則在原子核附近的重力會增強到數十個位數。其結果，原子核周圍的空間應該會產生扭曲，導致電子的方向產生更大幅度的偏移（下圖）。本圖依據日本立教大學村田次郎教授提供的資料繪製而成。

物體。這麼一來，物體之間的重力作用會使鋼絲扭轉。測量扭轉的角度即可量測出重力大小。

只是，物體間的重力作用十分微弱，因此需要精密的測量技術。微弱的振動自是不在話下，就連物體本身所具之極其微弱的靜電及磁性所產生的力，也都會成為雜訊而干擾測量準度。

日本立教大學理學部村田次郎教授進行一項實驗，藉由直接測量極近距離的重力，來驗證額外維度的存在。村田教授使用錄影機拍攝扭秤，然後運用獨特的技術，藉圖像解析的手法消除裝置本身的晃動，只抽出重力造成的扭轉量值。村田教授打算採用這樣的技術，在不久的將來以世界最高的精度進行實驗。目前，已經有團隊以0.1毫米左右的尺度展開平方反比定律的驗證實驗，但還沒有獲得任何額外維度存在的結果。

村田教授打算使用電子，以原子核的尺度（10^{-15}公尺）進行平方反比定律的驗證實驗（參照左圖）。如果額外維度真的存在，則在越小的尺度，重力偏離平方反比定律的幅度則越大，所以有可能會對在原子核附近運動的電子產生影響。這項實驗已經正式啟動了，我們期盼它的未來發展遠景。

使用加速器偵測往高度空間移動的粒子痕跡！

基本粒子物理學和原子核物理學所使用的代表性實驗裝置是「加速器」。其中有一個裝置也用來嘗試偵測額外維度存在的證據，那就是座落於瑞士日內瓦市郊的CERN（歐洲核子研究組織）的大型加速器LHC（大型強子對撞機）。

LHC是個1圈長達27公里左右的環狀實驗設施（右圖）。在真空的管子裡，把質子（氫原子核）加速到接近光速（秒速約30萬公里），再使它們正面對撞。然後使用配置於碰撞地點周圍的偵測器，捕捉碰撞之際產生的各種粒子，藉此檢測發生了什麼樣的反應（參照右下圖）。

使用LHC驗證額外維度的方法可大致分為兩種。第一種是搜尋質子對撞而產生的粒子，並找到它們後來往額外維度方向移動的軌跡。

前面說過，只有重力子能往額外維度的方向移動。因此，在加速器實驗中，有可能會生成重力子，並使其往額外維度方向移動（如果額外維度不存在，則在加速器實驗中不會產生重力子）。

雖然偵測器無法偵測到重力子，但它會「挾帶並傳遞」能量等等。因此，這種方法可使用偵測器偵測同時產生的各種粒子，再依據這些資料反向推算，間接確認重力子是否生成。最簡單的膜世界模型主張，只有重力子能往額外維度的方向移動；但也有一些模型主張，還有其他粒子也能往額外維度的方向移動。這些

⊙ 加速器 LHC

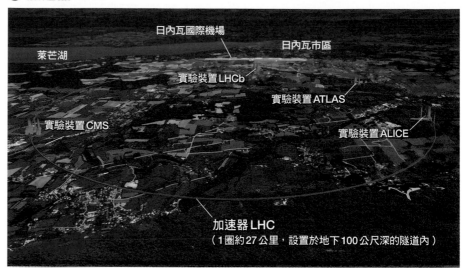

萊芒湖　日內瓦國際機場　日內瓦市區
實驗裝置 LHCb
實驗裝置 ATLAS
實驗裝置 CMS
實驗裝置 ALICE

加速器 LHC
（1圈約27公里，設置於地下100公尺深的隧道內）

上圖所示為加速器LHC全貌與地面風景重疊而成的景象。LHC為1圈大約27公里的環狀設施，設置於地下100公尺深的隧道內。設有4個巨型實驗裝置，額外維度的驗證實驗由ATLAS和CMS這兩個裝置負責施行。

⊙ 加速器實驗示意圖

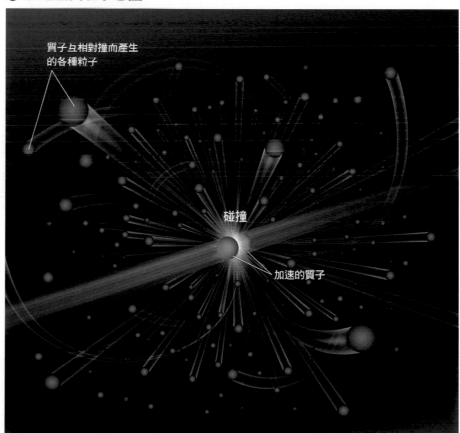

質子互相對撞而產生的各種粒子

碰撞

加速的質子

LHC把質子（氫原子核）加速到接近光速，再使它們正面對撞。對撞後會產生各式各樣的粒子，所以在對撞地點的周圍配置許多偵測器，用來偵測這些粒子。據此採得的數據，可進一步探究所發生的反應詳情。

粒子是否存在，同樣地也有機會藉由加速器實驗加以驗證。

這種會往額外維度方向移動的粒子，以居住在3維空間的我們來看，稱為「KK粒子」（Kaluza－Klein particle）。日本京都大學基礎物理學研究所的向山信治教授，是位專門研究膜世界理論的學者，他說：「就我們居住的3維空間來看，KK粒子所表現的動態情況，帶有和原來粒子相同的電荷等性質，但質量更重。」（參照下圖）

也有科學家認為，KK粒子是暗物質（dark matter）的本質。暗物質是宇宙中大量存在、本質不明且「看不見的物質」。與原子構成的普通物質相較，宇宙中暗物質的總質量高達5倍之多。

若高維度確實存在，加速器是否有可能製造出黑洞？

使用加速器驗證額外維度的另一個方法，就是搜尋有沒有因為質子對撞而產生的「微黑洞」（micro blackhole）痕跡。黑洞是一種重力非常強大的天體。一旦遭黑洞吞噬進去，就連自然界中行進速度最快的光也無法脫逃出來。

天文觀測所發現的黑洞，即使質量較輕，也達到10倍太陽的程度。但原理上，任何物體只要塌縮到夠小的程度就能成為一個黑洞。例如，假設把地球壓縮到半徑1公分以下，將會使質量集中在一個極小的區域中，也能成為黑洞。

使用加速器把質子加速到接近光速，再令它們互相對撞，亦即將龐大的能量聚集在碰撞地點。根據相對論的公式「$E＝mc^2$」（能量與質量的等價關係），能量（E）等同於質量（m），式中的c為光速值。因此，可以把質子的碰撞地點視為巨大質量集中在極小區域的狀況。

在空間為3個維度，重力於極近距離仍然遵循平方反比定律的情況下，即使是LHC這樣的最新銳加速器，也無法產生足夠的能量來製造黑洞。但是，如果有額外維度存在，重力在極近距離不再遵循平方反比定律的話，製造黑洞的條件就會變得「寬鬆」了。這麼一來，以LHC能夠產生的能量水準來看，就有可能製造

⊙ LHC會產生「往額外維度方向移動的粒子」嗎？

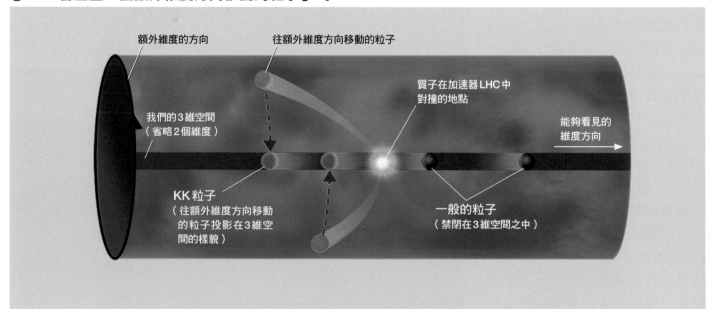

加速器LHC之中可能會由於質子對撞而產生重力子等粒子飛往額外維度方向。從居住在3維空間的我們來看，這是稱為「KK粒子」的粒子。檢視KK粒子所呈現的動態，是與原來粒子性質相同但重量（質量）不同的粒子。

出黑洞。這是因為，比起遵循平方反比定律的情形，重力在極近距離會變得非常強大。反過來說，如果LHC能製造出微黑洞的話，那麼額外維度存在的可能性就會大幅提高。

加速器製造的黑洞會立刻消滅

微黑洞的性質和「能吞噬任何東西」的普通黑洞不一樣。依據理論的預測，它會在還來不及吞進任何東西的瞬間，就放出各式各樣的粒子而「蒸散」。這是黑洞表面的微觀尺度扭曲時空所引發的現象，稱之為「霍金輻射」（Hawking radiation）。它會在偵測器上殘留獨特的訊號，研究者可依此推測是否形成了微黑洞。

然而，理論及實驗上都已確認，就算使用加速器製造出微黑洞，也不會發生加速器甚至地球本身，遭致黑洞吞噬掉的科幻情節。如果加速器能製造出微黑洞，則依照相同的道理，當從宇宙輻射下來的放射線「宇宙線」（主要成分是高速的質子）與大氣中的分子碰撞之際，應該也會產生微黑洞。宇宙線中含有能量遠高於加速器的粒子，而且根據估算的結果，過去輻射至地球上的宇宙線含量相當於LHC實驗進行100萬次的程度。地球至今依然健在，這就表示，即使LHC製造出微黑洞，也不具有危險性。

日本東京工業大學理學院陣內修副教授使用LHC的實驗裝置

▶ 黑洞誕生並於瞬間蒸發

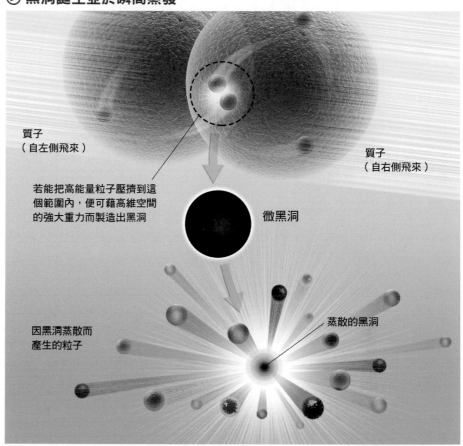

質子（自左側飛來）

質子（自右側飛來）

若能把高能量粒子壓擠到這個範圍內，便可藉高維空間的強大重力而製造出黑洞

微黑洞

因黑洞蒸散而產生的粒子

蒸散的黑洞

圖示為加速器中因粒子對撞而產生黑洞又立刻蒸散的場景。尺度規模微小的黑洞和宇宙中的巨大黑洞不一樣，會放出各式各樣的粒子，且在極短的時間內蒸散。飛散到四周圍的粒子，將成為確認有無黑洞形成的線索。

ATLAS進行研究，他表示，在LHC正式運轉後的 7 年間（有兩階段，分別為2010～2012年及2015～2018年）所獲得的數據資料中，都沒有發現任何KK粒子及微黑洞產生的徵兆。從2015年開始，LHC把用於質子對撞的能量增強到先前的 2 倍左右，收集的資料量也持續增加。預定LHC將運轉到2023年為止。其後會再提升加速器的性能，從2026年開始大幅增加碰撞的頻度，並也預定從此時開始運作10年，繼續收集數據資料。

由於膜世界的理論模型牽涉許多變數，使得重力的作用距離會開始偏離平方反比定律，以及KK粒子和微黑洞的生成條件都會依不同模型而有很大的差異。所以，並不能因為目前的各種實驗都沒有發現額外維度的痕跡，就否定其確實存在的可能性。當前還只是在以實驗來驗證額外維度的起步階段，且讓我們期待未來能夠獲致更進一步的實驗成果！

「無」和「有」的探究，未來仍將持續

本書中驗證了各式各樣的「無」。現在，就來簡單地做個回顧。

在第 2 章「身邊的『真空』世界」，我們探討將四周大量空氣清除以致沒有任何物質存在的「無」。另一方面，也說明空氣分子彼此之間其實是空蕩蕩的一片，而且所有原子和分子的「內部」也是稀疏空曠的。一直以來我們以為「存在於那個地方」的物質，實際上幾乎全是由「無」所構成。

而在第 4 章「真空中的『某物』」，則介紹了即使是幾乎沒有原子和分子存在的極高度真空宇宙裡，也有光四處飛竄，而且充滿了暗物質，空間中遍布著希格斯場。就連我們以為無限趨近於「無」的真空空間裡，其實也充滿了許許多多的「某物」。

接著第 5 章「從什麼都沒有的『無』生成宇宙？」和第 6 章「超弦理論與『終極之無』」，乃以宇宙開端的觀點，進一步探討既沒有時間也沒有空間存在的「無」。目前仍處於提出各種假說的階段，但今後將陸續驗證這些假說，或許在不久的未來就能闡明「終極之無」。

書中探究「無」的一連串歷程，可說就是一部物理學的發展史。對於「無」的研究，乃始自古希臘時代的「真空是否存在」這個疑問，接著發現了物質是由原子及電子等微觀粒子所構成，如此一步步地前進，來到了企圖闡明宇宙之構造與歷史的階段。

物質是由大小為 0 的基本粒子所構成？

本書經常出現「基本粒子」這個名詞。基本粒子是構成物質的最小單位，就連構成原子核的質子和中子也都是由多個基本粒子結合而成（參照圖）。

在基本粒子物理學的基本架構「標準理論」中，是把基本粒子的大小當成 0 來處理[※]。原子裡的電子也是一種基本粒

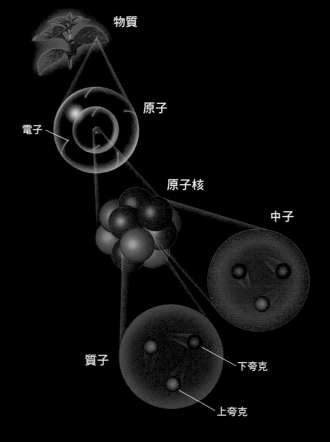

物質
原子
電子
原子核
中子
質子
下夸克
上夸克

大小為 0 的基本粒子創造出原子

構成物質的原子是由電子及原子核所構成。而原子核是由質子和中子所構成。這些粒子又是由上夸克和下夸克所構成。夸克和電子都是基本粒子的一種，大小可能為 0。舉凡原子，乃至一切物質，都是由大小為 0 的基本粒子所構成。

※：基本粒子也視為波來處理，所以亦將其典型波長的大小（德布羅意波長）當成基本粒子的大小。但因基本粒子沒有構造，故此處將之視為「沒有大小」。

基本粒子的本質是弦？

根據超弦理論，基本粒子可能是由具有長度的弦所構成。光子（光的根源）也是基本粒子的一種。

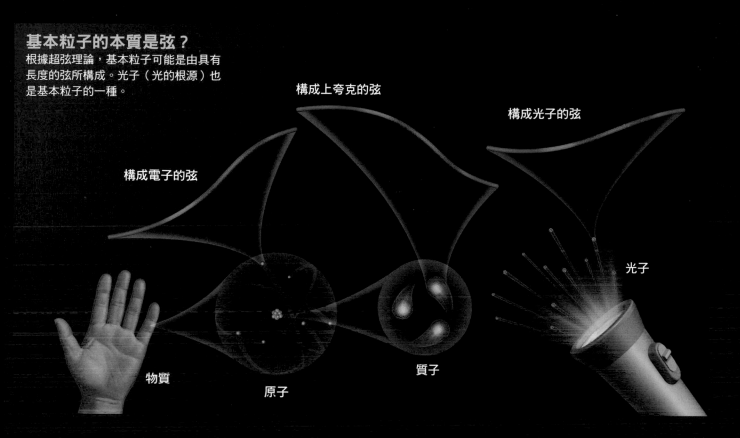

構成電子的弦

構成上夸克的弦

構成光子的弦

物質

原子

質子

光子

子。也就是說，由電子、質子、中子構成的原子，其實是由大小為 0 的基本粒子集結而成。

這意味著，與其說像第 2 章所說「物質幾乎全是山『無』所構成」，倒不如說是「追根究柢，所有物質都是由大小為 0 的基本粒子集結而成」。像這樣打破沙鍋問到底，持續不斷的對「無」深究探討，最後就必然會碰觸到「『有』是什麼」這個問題。

基本粒子對於隔開一段距離的其他基本粒子也能發揮「力」（電磁力等等）的作用。原子也是藉由電子和原子核互相發揮電磁力的作用而維持著它的大小範圍。大小為 0 的基本粒

子藉著彼此之間所作用的力，塑造出具有大小的物質，亦即「有」的樣貌。

基本粒子是由「具有長度的弦」所構成？

同時第 6 章也述及「超弦理論」，根據此理論，基本粒子是由「具有長度的弦」所構成（上圖），但設想這種弦的粗細為 0。

如果把標準理論和廣義相對論（重力的理論）一併考量，則假設基本粒子的大小為 0，會產生幾個「問題」。為了消除這些問題，有些科學家提出了超弦理論。根據這個理論的研究，描繪出「膜世界」、「全像宇宙」等全

新的宇宙樣貌。

目前，超弦理論尚未獲證實，但今後的研究若能證明它的正確性，則超弦理論將取代標準理論，說明支配這個宇宙的「規則」。屆時人類對於「無」和「有」的認知，或許會和現在非常不同。

「無」究竟是什麼？「有」又究竟是什麼？過去對於「無」的探究，促進了物理學的不斷發展，未來，人類仍將持續不輟地探究下去！

人人伽利略系列好評熱賣中！　　日本 Newton Press 授權出版

人人伽利略 科學叢書 09

單位與定律　完整探討生活周遭的單位與定律！　　售價：400元

　　100公尺賽跑、50分貝的音量、3公斤的米……，人類透過測量來認識世界、掌握世界，而每一種「測量單位」的背後，都是科學史的一段精彩故事。《單位與定律》介紹了數十種單位，並介紹物理、化學、地球科學、生物科學、電學等相關原理與定律。在課業之餘，不但可以達到加深印象的效果，更可以拓展自己的知識範圍！

人人伽利略 科學叢書 11

國中‧高中物理　徹底了解萬物運行的規則！　　售價：380元

　　力與運動、氣體與熱、波、電與磁、原子，全書章節涵蓋中學物理範圍；詳細解釋克卜勒定律、牛頓運動定律、能量守恆定律、熱力學定律、焦耳定律。《國中‧高中物理》是最能切中課程需求、增進科學素養的補充讀物。

人人伽利略 科學叢書 18

超弦理論　與支配宇宙萬物的數學式　　售價：400元

　　超弦理論首度完整提出是在1984年，算是很新的物理理論。《超弦理論》詳細介紹了相關理論，包括兩個標準模型的理論作用量，以及超弦理論的出發點、超對稱、膜等，本書也收入對諾貝爾獎得主南部陽一郎、梶田隆章的訪談。對這個有望成為大一統理論的新興概念，大家準備好要認識了嗎？

人人伽利略 科學叢書 27

138億年大宇宙　全盤了解宇宙的天體與歷史　　售價：500元

　　目前認為我們所處的宇宙有138億年的歷史，而這麼廣袤久遠的世界該從哪裡開始認識呢？本書的「宇之章」以距離為尺幅，探訪那些距離我們16萬光年、30萬光年、250萬光年等等光輝燦爛的特殊星系，容易對宇宙的大小及距離有基礎的認識；「宙之章」以時間為縱軸，即介紹宇宙剛開始膨脹的初始宇宙到未來面貌，精彩可期。

少年伽利略系列好評熱賣中！　日本Newton Press授權出版

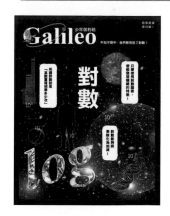

少年伽利略 科學叢書 01

對數　不知不覺中，我們都用到了對數！

售價：250元

在航海、商業、天文等計算，往往涉及龐大的數字，但若運用指數的概念，就能將其簡化，不管是紀錄或計算都更加方便，表示酸鹼性之指標的pH值，或表示聲音大小的60dB（分貝）等也都會使用「對數」。其實，我們在不知不覺中都用到了指數與對數。

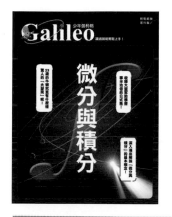

少年伽利略 科學叢書 06

微分與積分　讀過就能輕鬆上手！

售價：250元

微積分是許多理工、商學院學生都要修讀的基礎課程。本書從微積分的誕生開始，探求23歲的牛頓構想微積分的思考脈絡，從微分跟積分的角度講解重要公式，最後再整理重要公式，讓讀者更容易掌握微積分的概念。

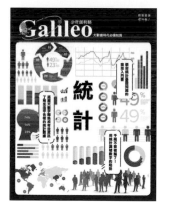

少年伽利略 科學叢書 07

統計　大數據時代必備知識

售價：250元

生活中常見各種統計數據，例如經濟、政治、醫療等等，簡言之，就是收集數據，再去解讀該數據有何意義，並可從少部分的數據，去推估整體的狀況，學會判讀資訊，就能避免落入數字的陷阱，相當實用，也是大數據時代必備的基礎知識。

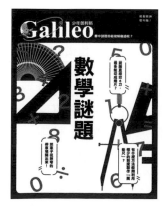

少年伽利略 科學叢書 09

數學謎題　書中謎題你能破解幾道呢？

售價：250元

收錄38道跟數學有關的謎題，適合在推理的過程中訓練邏輯能力。尤其現在大考出題方向越加多元，配合圖片解題，有時找不到解答是因為沒讀懂題目或是不會活用觀念。這本書適合消磨時間，也適合學生來培養讀題、解題的能力。

觀念伽利略 科學叢書 01

化學　生活中的基礎化學

售價：320元

　　涵蓋高中三年課程的基礎觀念，像是元素如何表現出不同的性質、電子如何結合、三態如何變化、離子的移動等。由於以文字為主，所以解釋較為詳細清楚，即使是國中生也可預習，高中生配合學校進度，加強觀念的融會貫通。

觀念伽利略 科學叢書 02

週期表　118種元素圖鑑！

售價：320元

　　元素週期表彷彿一長串咒語，只要開始學化學，就一定會碰到週期表，可是一想到要背誦各個元素的名稱、順序，還有原子序、原子量等元素特性，很多人就覺得很傷腦筋。本書以文字來闡述基礎觀念，輔以圖解與漫畫，增加學習樂趣。

觀念伽利略 科學叢書 03

虛數　完整數的世界

售價：320元

　　虛數是個相當抽象的觀念，定義是（−1）的平方根。也就是說，虛數的平方是負數，這跟一般「負負得正」的概念是相反的。但是在量子世界想要觀測微觀世界，就要用到虛數計算；而在天文領域想要探究宇宙初始的大謎題，也會討論到虛數時間，因此對於想要往相關領域發展的學生，絕對要先把虛數學好。

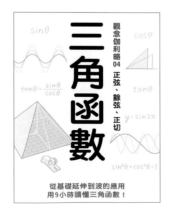

觀念伽利略 科學叢書 04

三角函數　正弦、餘弦、正切

售價：320元

　　三角函數是數學的基礎領域，而且應用很廣，從測量土地、建置無障礙坡道到「波」的概念，都跟三角函數有關。本系列除了善用文字講解基礎觀念外，也搭配了情境Q&A與可愛的四格漫畫，除了可讓同學練習題目外，還能對天才數學家更加深印象，舒緩讀書壓力。

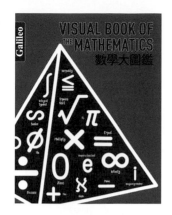

伽利略科學大圖鑑 科學叢書 01

數學大圖鑑

售價：630元

　　收納82個重要數學概念，從國高中可以接觸到的函數與方程式、機率、統計等單元，到比較進階的費馬最後定理、龐加萊猜想等世紀數學難題，搭配圖解，讓無形的數學更容易理解。不但是數學愛好者的必備收藏，對於不擅長數學的人，也能藉機打開認識數學的另一扇門。

伽利略科學大圖鑑 科學叢書 02

物理大圖鑑

售價：630元

　　收納90個重要物理概念，從基礎的「力與運動」、「氣體與熱」、「波」、「電與磁」，到「原子」、「物理學與宇宙」，以及波粒二象性、量子力學、相對論等內容，適用國高中程度的學生，甚至對科學有興趣的小學高年級學生，也會感到趣味盎然。

伽利略科學大圖鑑 科學叢書 03

化學大圖鑑

售價：630元

　　收納92個關鍵化學概念。分成四大章節，先帶讀者瞭解物質的基本觀念後，再分成「生活中的化學」、「化學與人體」與「化學與科技」，將枯燥的內容結合生活經驗，呼應一〇八課綱中提及的學習素養，可以讓讀者體會到化學原來是非常實用的一門學問。

伽利略科學大圖鑑 科學叢書 04

宇宙大圖鑑

售價：630元

　　分成五章：太陽系、恆星、星系與銀河系、宇宙的誕生與未來、太空探索與太空發展。先介紹太陽系內行星，講解行星的型態與銀河系的構造，再回溯宇宙的誕生，想像未來的樣貌，最後回顧人類的觀測歷史與技術，讓讀者對宇宙有比較完整的概念。

【 人人伽利略系列 28 】

無是什麼？
「什麼都沒有」的世界真的存在嗎？

作者／日本Newton Press
編輯顧問／吳家恆
執行副總編輯／陳育仁
翻譯／黃經良
編輯／林庭安
商標設計／吉松薛爾
發行人／周元白
出版者／人人出版股份有限公司
地址／231028 新北市新店區寶橋路235巷6弄6號7樓
電話／（02）2918-3366（代表號）
傳真／（02）2914-0000
網址／www.jjp.com.tw
郵政劃撥帳號／16402311 人人出版股份有限公司
製版印刷／長城製版印刷股份有限公司
電話／（02）2918-3366（代表號）
經銷商／聯合發行股份有限公司
電話／（02）2917-8022
第一版第一刷／2021年10月
定價／新台幣500元
　　　港幣167元

國家圖書館出版品預行編目（CIP）資料

無是什麼？：「什麼都沒有」的世界真的存在嗎？／
日本Newton Press作；黃經良翻譯. -- 第一版. --
新北市：人人，2021.10　面；公分. —
（人人伽利略系列；28）
譯自；無とは何か「何もない」世界は存在するのか？
ISBN 978-986-461-260-4（平裝）
1.理論物理學 2.物理
331　　　　　　　　　　　　　110014359

NEWTON BESSATSU MU TOWA NANI KA
Copyright © Newton Press 2020
Chinese translation rights in complex
characters arranged with Newton Press
through Japan UNI Agency, Inc., Tokyo
Chinese translation copyright © 2021 by Jen
Jen Publishing Co., Ltd.
www.newtonpress.co.jp

Staff

Editorial Management	木村直之
Editorial Staff	疋田朗子

Photograph

57	SPL/PPS通信社
137	Dana Smith/Black Star/PPS通信社
138	岩藤 誠/Newton Press

Illustration

Cover Design	米倉英弘（細山田デザイン事務所） （イラスト：Newton Press）
1〜19	Newton Press
20-21	Newton Press, 資料提供：(株)東京証券取引所
22〜41	Newton Press
42-43	吉原成行
36〜51	Newton Press
52	Newton Press,（ニュートン，アリストテレス， デカルト）小崎哲太郎
53〜61	Newton Press
62-63	Newton Press,（ヤング）山本 匠
64-65	Newton Press,（アインシュタイン）山本 匠
66-67	Newton Press,（ボーア）山本 匠
68-69	Newton Press,（ブロイ）山本 匠
70-71	Newton Press
72-73	Newton Press,（ボルン）山本 匠
74〜81	Newton Press
83〜85	Newton Press
86-87	木下真一郎
88〜91	Newton Press
92〜93	カサネ・治
94-95	吉原成行
96-97	Newton Press
98-99	髙島達明・Newton Press
100-101	Newton Press
102-103	黒田清桐
104-115	Newton Press
116	Newton Press（地図のデータ：Reto Stöckli, NASA Earth Observatory）
117〜127	Newton Press
128-129	Newton Press, （アインシュタイン）黒田清桐
130〜159	Newton Press
160-161	Newton Press（ISSの3Dデータ：Johnson Space Center Integrated Graphics, Operations, and Analysis Laboratory. [IGOAL])
162〜167	Newton Press
167	Newton Press（LHCの参考写真：CERN）
168〜170	Newton Press
171	吉原成行
175	Newton Press